计算机前沿技术丛书

Python 网络爬虫入门到实战

杨涵文　周培源　陈姗姗　著

机械工业出版社

本书介绍了 Python3 网络爬虫的常见技术。首先介绍了网页的基础知识，然后介绍了 urllib、Requests 请求库以及 XPath、Beautiful Soup 等解析库，接着介绍了 selenium 对动态网站的爬取和 Scrapy 爬虫框架，最后介绍了 Linux 基础，便于读者自主部署编写好的爬虫脚本。本书所有代码和相关素材可以到 GitHub 下载获取，地址为 https：//github.com/sfvsfv/Crawer。

本书主要面向对网络爬虫感兴趣的初学者。

图书在版编目（CIP）数据

Python 网络爬虫入门到实战/杨涵文，周培源，陈姗姗著 .—北京：机械工业出版社，2023.6（2023.11 重印）

（计算机前沿技术丛书）

ISBN 978-7-111-73052-1

Ⅰ.①P… Ⅱ.①杨… ②周… ③陈… Ⅲ.①软件工具−程序设计 Ⅳ.①TP311.561

中国国家版本馆 CIP 数据核字（2023）第 069766 号

机械工业出版社（北京市百万庄大街 22 号 邮政编码 100037）
策划编辑：杨 源 责任编辑：杨 源 李晓波
责任校对：龚思文 赵小花 责任印制：单爱军
北京虎彩文化传播有限公司印刷
2023 年 11 月第 1 版第 2 次印刷
184mm×240mm·19 印张·478 千字
标准书号：ISBN 978-7-111-73052-1
定价：99.00 元

电话服务 网络服务
客服电话：010-88361066 机 工 官 网：www.cmpbook.com
　　　　　010-88379833 机 工 官 博：weibo.com/cmp1952
　　　　　010-68326294 金 书 网：www.golden-book.com
封底无防伪标均为盗版 机工教育服务网：www.cmpedu.com

前　言

PREFACE

本书内容

本书通过简单易懂的案例，讲解 Python 语言的爬虫技术。全书共分为 8 章，第 1 章为网页的内容，第 2~7 章为爬虫的内容，第 8 章为 Linux 基础。

第 1 章：介绍了 HTML 和 CSS 的基础知识，虽然本章并不是直接与爬虫相关，但它是学习爬虫技术的基础。对于已经掌握基本网页基础的读者，可以选择跳过该章。

第 2 章：正式进入爬虫技术的学习阶段，这一章介绍了最基本的两个请求库（urllib 和 Requests），有知识点的讲解，也有实战案例的讲解。

第 3 章：本章对正则表达式做了详细的描述，同时有案例的实践。学完本章就可以掌握最基本的爬虫技术了。

第 4 章：主要介绍 XPath 解析库，配有实际的案例进行讲解，以帮助读者加深理解和巩固。

第 5 章：主要介绍另一个解析库 Beautiful Soup，它在提取数据中也很方便，对相关知识点以及实际的案例都有所讲解。XPath 和 Beautiful Soup 可以使信息的提取更加方便、快捷，是爬虫必备利器。

第 6 章：主要介绍 selenium 自动化测试。 现在越来越多的网站内容是经过 JavaScript 渲染得到的，而原始 HTML 文本可能不包含任何有效内容，使用模块 selenium 实现模拟浏览器进行数据爬取是非常好的选择。

第 7 章：在大规模数据的爬取中，不太用得上基础模块，Scrapy 是目前使用最广泛的爬虫框架之一，本章介绍了 Scrapy 爬虫框架的详细搭建和实践。针对数据存储过程部分使用的 MySql 数据库，整章有多个实际的案例，以帮助读者加深理解和巩固。

第 8 章：主要介绍了 Linux 的基础知识点，以帮助读者能够在服务器部署脚本。

相关资源

本书所有代码和相关素材可以到 GitHub 下载获取，地址为 https://github.com/sfvsfv/Crawer。

关于代码的实用性需要声明：所有代码都是笔者在写书阶段编写的，如果有部分爬虫脚本失效，有可能是网站的结构发生了变化。希望读者在阅读本书的过程中，以学习笔者所介绍的方法为主。为了更好地保护读者权益和确保书籍内容的完整性，作者将在 GitHub 上提供免费书籍内容答疑和定期项目优码、视频分享，欢迎读者前来参与互动。

致谢

本书的撰写与出版得益于同行众多同类教程的启发，以及陈姗姗老师和同伴周培源的帮助，在此深表感谢。同时也感谢一路走来支持笔者的读者。由于本人水平有限，书中难免有不妥之处，诚挚期盼专家和广大读者批评指正。

作者邮箱：2835809579@ qq. com

杨涵文

2023 年 7 月

第 7 章
CHAPTER.7

Scrapy 框架与实战　/　201

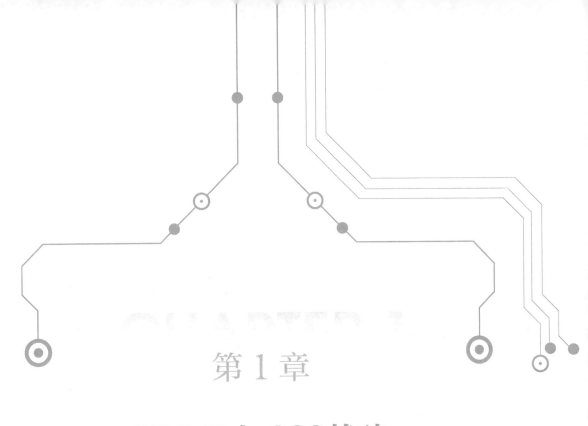

第 1 章

HTML与CSS基础

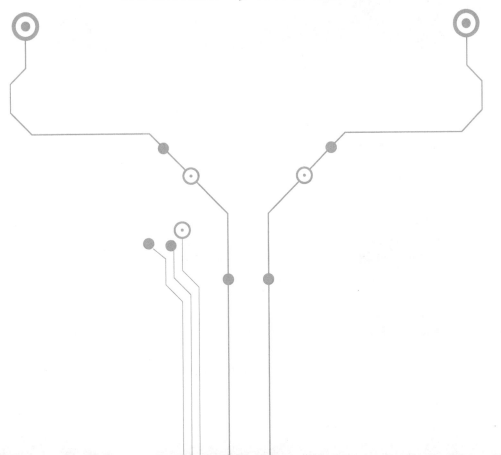

1.1 概述引导

本章介绍 HTML 和 CSS，但不对有关 JS 的内容进行讲解，因为本书中并不学习关于 JS 相关的爬虫技术。对于有网页基础的读者可以跳过本章，本书主要讲解网页爬虫，因此考虑到大多数初学者并没有掌握基本的网页知识，因此本章专为没有网页基础的读者打下厚实的基础。

什么是 HTML 呢？以某搜索为例。某搜索的链接为 https://cn.bing.com/，使用鼠标右键单击所在网页，在弹出的快捷键中选择"检查"命令，如图 1-1 所示。

● 图 1-1　检查网页

将会看到右侧出现的代码串，这些就是基本的 HTML，如图 1-2 所示。

● 图 1-2　HTML 代码串

当然，这里内部还嵌入了一些 CSS 和 JS，暂时先不做介绍。右上方还有一个常用的功能。单击"网络"标签页，这里可以看到具体素材的构建，如图 1-3 所示。

● 图 1-3　具体素材的构建

1.2　Hbuilder 软件下载与使用

本节对 Hbuilder 编译器进行介绍，因为是中文版的，使用起来比较适合初学者，所以推荐给读者，可以到腾讯软件管家中心下载，地址为：

https://pc.qq.com/detail/3/detail_22603.html，单击"普通下载"按钮即可，如图 1-4 所示。

● 图 1-4　下载页面

下载后不用安装，解压后打开可以看到 Hbuilder.exe 文件，右击鼠标后，在弹出的快捷键菜单中选择"发送到"中的"桌面快捷方式"命令，如图 1-5 所示。

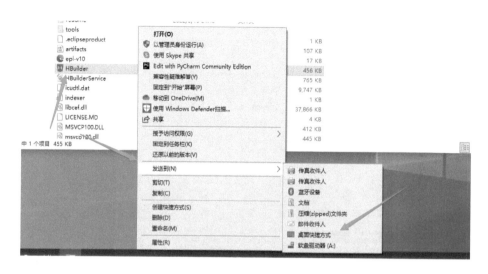

• 图 1-5　发送到桌面

这样软件的打开方式就发送到桌面了。因为 Hbuilder 不用安装，可以直接运行，所以双击软件图标即可打开，如图 1-6 所示。

读者可以注册一个账户，也可以选择暂不登录，进入界面后单击鼠标右键，在弹出的快捷菜单中选择"新建"中的"目录"命令，如图 1-7 所示。

新建一个目录，命名为："web 前端学习"，如图 1-8 所示。

• 图 1-6　软件登录界面

• 图 1-7　新建目录

● 图 1-8　新建目录命名

创建第一个 HTML：使用鼠标右键单击 Web 前端学习目录，在弹出的快捷菜单中选择"新建"→"HTML 文件"命令，如图 1-9 所示。

然后进行命名，此处命名为"1.html"，使用默认模板即可，如图 1-10 所示。

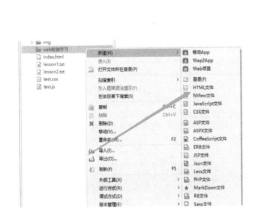

● 图 1-9　创建 HTML 文件

● 图 1-10　选择默认模板

创建完成之后，可以在<body> </body>之间随便写一段文字，使用<Ctrl+S>快捷键进行保存，如图 1-11 所示。

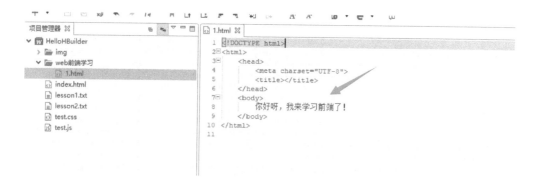

● 图 1-11　第一个 HTML

单击图 1-12 所示的浏览器图标按钮，即可运行这个网页。

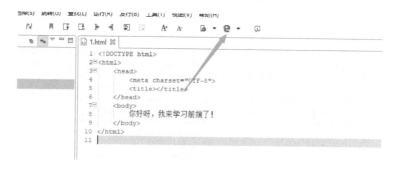

● 图 1-12　单击浏览器运行网页

运行结果如图 1-13 所示。

● 图 1-13　运行结果

此时，说明已经安装成功了，关闭浏览器即可关闭正在打开的网页。

1.3　HTML 基础

HTML 作为网页中最基础的内容，大多数爬虫书籍忽略了网页基本知识的讲解，这也有可能是相关作者默认读者已经掌握了这些知识。然而从笔者所接触的大部分读者来看，并没有系统学习网站的基本知识，就直接开始学习爬虫了，从而导致学习过程比较辛苦。

HTML、CSS、JS 为网站搭建的三件套，下面开始学习 HTML 架构。

1.3.1 基本架构

正如开始创建一个 HTML 一样，这是一个最基本的 HTML 模板，如下所示。

```
<!DOCTYPE html>
<html lang="en">
<head>
<meta charset="UTF-8">
<title>Title</title>
</head>
<body>
<!--      你好呀,我来学习前端了! -->
</body>
</html>
```

我们来分析一下这个架构：

1）<!DOCTYPE html>：文档类型，这一行是必须写的声明。

2）<html></html>：<html>元素，其包含一个网页页面的所有元素。

3）<head></head>：<head>元素，相当于页面内容的一个容器。

4）<meta charset="UTF-8">：设置默认编码方式为 UTF-8，否则容易乱码。

5）<title></title>：<title>元素，用于设置页面的标题。

6）<body></body>：<body>元素，这里包含网页的所有内容（如文本、图像、视频、音频）。

补充：注释快捷键为<Ctrl+/>。

1.3.2 标题和段落标签

1. 标题标签

```
<hn></hn>
```

注意：n 的取值范围为 1~6 的整数。

作用：通常在网页中表示标题，数值越大，标题越小，例如下面的内容。

```
<h1>Web 学习</h1>
<h2>Web 学习</h2>
<h3>Web 学习</h3>
<h4>Web 学习</h4>
<h5>Web 学习</h5>
<h6>Web 学习</h6>
```

将其添加在<body>与</body>标签之间，如图 1-14 所示。

单击浏览器按钮，运行结果如图 1-15 所示。

```
1  <!DOCTYPE html>
2  <html>
3      <head>
4          <meta charset="UTF-8">
5          <title></title>
6      </head>
7      <body>
8
9      <h1>web学习</h1>
10     <h2>web学习</h2>
11     <h3>web学习</h3>
12     <h4>web学习</h4>
13     <h5>web学习</h5>
14     <h6>web学习</h6>
15
16     </body>
17 </html>
18
```

web学习

web学习

web学习

web学习

web学习

web学习

- 图 1-14 代码界面   - 图 1-15 运行结果

2. 文本段落标签

<p> 元素用于包含文本段落。p 标签一般也放到 body 之间，比如下面的小段落。

<p>人生苦短</p>
<p>学了 Python 还学前端</p>

完整的代码如图 1-16 所示（写完记得保存，否则网页不会更新，这是初学者常犯的错误）。
直接刷新网页，浏览界面如图 1-17 所示。

```
1  <!DOCTYPE html>
2  <html>
3      <head>
4          <meta charset="UTF-8">
5          <title></title>
6      </head>
7      <body>
8      <!--<h1>web学习</h1>-->
9
10     <p>人生苦短</p>
11     <p>学了python还学前端</p>
12
13     </body>
14 </html>
15
```

127.0.0.1:8020/HelloHBuilder/web前

人生苦短

学了python还学前端

- 图 1-16 代码界面   - 图 1-17 浏览界面

<p>标签还有一些别的方法，比如：

1）注明版权。

<p>©机械工业出版社</p>

2）使用空格符。

<p>今天 我学习了 前端</p>

3）使用引号符。

<p>"学习起来! "</p>

运行或者刷新之前的页面，运行结果如图 1-18 所示。

人生苦短

学了python还学前端

©机械工业出版社

今天 我学习了 前端

"学习起来！"

● 图 1-18　运行结果

▶▶ 1.3.3　文字标签

如果想要设置字体样式，就要用到<font></front>设置文字的样式（外观）。它的常用属性如下。

1）color：设置颜色，用英语单词表示，比如 red、blue、green 等。也可以传入 rgb，具体可以查看 rgb 表，比如 rgb（0，250，125）。也可以传入十六进制，比如#ff0000（红色），#000000（黑色）等。

2）size：设置字体大小，取值范围为 1~7，如果超出了最大值，使用默认最大值。

以下是对上述方法的实践。

```
<font color="black",size="7">坚持学习!</font>
<font color="rgb(184,134,11)"  size="7">热爱编程!</font>
<font color="#999999"  size="5">很快就学完了!</font>
```

代码界面如图 1-19 所示。

```
1.html
 1  <!DOCTYPE html>
 2  <html>
 3      <head>
 4          <meta charset="UTF-8">
 5          <title></title>
 6      </head>
 7      <body>
 8      <!-- <h1>web学习</h1> -->
 9
10      <p>人生苦短</p>
11      <p>学了python还学前端</p>
12      <p>&copy;化学工业出版社</p>
13      <p>今天 我学习了 前端</p>
14      <p>&quot;学习起来! &quot;</p>
15
16      <font color="black",size="7">坚持学习! </font>
17      <font color="rgb(184,134,11)"  size="7">热爱编程! </font>
18      <font color="#999999"  size="5">很快就学完了! </font>
19      </body>
20  </html>
21
```

● 图 1-19　代码界面

保存后刷新页面，即可看到运行结果，如图 1-20 所示。

人生苦短

学了python还学前端

©化学工业出版社

今天 我学习了 前端

"学习起来！"

坚持学习！ 热爱编程！ 很快就学完了！

● 图 1-20　运　行　结　果

1.3.4　图像标签

图像标签：<img/>，它有以下几个主要参数：

1）src 设置图片的路径。

2）width 设置图片的宽度。

3）height 设置图片的高度。

4）alt 设置图片的替换文本，如果图片资源加载不出来，可显示文本。

5）title 设置鼠标悬浮标题。

默认情况下，使用图片默认宽高，比如<img src="1.png"/>。

使用 width 和 height，设置宽和高：<img src="1.png" width="300px" height="300px"/>。

如果图片加载不出来，替换文本：<img src="1.png" alt="努力奋斗"//>。

鼠标悬浮标题：<img src="1.png" title="奋斗" width='200px' height='200px'/>。

保存刷新（或者运行）浏览器，运行结果如图 1-21 所示。

● 图 1-21　运　行　结　果

注意：路径一定要读取到图片，与 Python 中的绝对路径和相对路径是相同的，下面两点是需要读者注意的。

1）如果图片和 HTML 文件在同级目录，可以直接读取，如<img src="pic.jpg"/>。

2）如果图片文件夹 img 和 HTML 文件在同级目录，则书写格式为：<img src="img/pic3.jpg"/>。

▶▶ 1.3.5　超链接标签

如果想通过单击跳转到另一个网址，可以设置链接标签，这里只需要使用<a/>标签即可。它的属性有 href 参数，在 href 中传入的是链接。比如文字超链接：<a href="https://cn.bing.com/">我爱学习</a>，标签依然在 body 之间。还可以用 href 做弹出框，比如<a href="javascript:void(0)" onclick="alert('你敢点我吗？')">弹出框</a>。

完整代码如图 1-22 所示。

● 图 1-22　完整代码

超链接标签运行结果如图 1-23 所示。

● 图 1-23　超链接标签运行结果

▶▶ 1.3.6　块标签

一般有以下这几种分块标签，它们主要用于内容排版：

1）<p></p>：内容会自动换行，一般作为段落。

2）<div></div>：内容会自动换行，一般作为网页不同区域划分。

3）<span></span>：内容不会换行，同一行显示，比如"登录"和"注册"按钮。

来看一下这个例子，文件名为 4.html。

```html
<!DOCTYPE html>
<html>
  <head>
    <meta charset="UTF-8">
    <title>诗歌</title>
  </head>
  <body>
    <p>白日依山尽,黄河入海流。</p>
    <p>欲穷千里目,更上一层楼。</p>
```

```
<div>千山鸟飞绝,万径人踪灭。
孤舟蓑笠翁,独钓寒江雪。
</div>
<div>红豆生南国,春来发几枝。
愿君多采撷,此物最相思。</div>
<span>登录</span>
<span>注册</span>
</body>
</html>
```

运行结果如图 1-24 所示。

● 图 1-24　运行结果

▶▶ 1.3.7　列表标签

列表标签相信读者是很熟悉的,比如随便打开一个图片网站,单击鼠标右键,选择菜单栏中的"检查网页"命令,如图 1-25 所示。

● 图 1-25　列表标签

每张图片都在一个<div></div>标签中,所有 div 标签又是同级的,它们有一个共同的父标签,这样的标签叫作列表标签。列表标签常用的标签有以下两种:

1）有序列表：<ol></ol>表示有序标签的父标签。

2）无序列表：<ul></ul>表示无序列表的父标签。

现在来创建一个文件名为 6.html 的文件。

```
<!DOCTYPE html>
<html>
    <head>
        <meta charset="UTF-8">
        <title>服装</title>
    </head>
    <body>
        <ul type="disc">
        <li>男装</li>
        <li>女装</li>
        <li>童装</li>
        </ul>
    </body>
</html>
```

如上使用的是无序列表，ul 中 type 参数的属性值为：square（表示方框）、circle（表示空心圆）、disc（表示实心圆）。无序列表运行结果如图 1-26 所示。

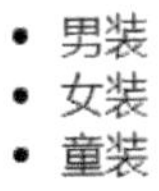

- 男装
- 女装
- 童装

● 图 1-26　无序列表运行结果

下面创建一个名为 7.html 的文件，案例代码如下。

```
<!DOCTYPE html>
<html>
    <head>
        <meta charset="UTF-8">
        <title>地区</title>
    </head>
    <body>
        <ol type="circle">
        <li>四川</li>
        <li>上海</li>
        <li>北京</li>
        </ol>
    </body>
</html>
```

有序列表运行结果如图 1-27 所示。

● 图 1-27　有序列表运行结果

▶▶ 1.3.8 音频视频标签

音频使用标签<audio></audio>，视频使用标签<video></video>，它们的属性如下：

1）src 需要加载资源的路径。

2）autoplay 自动播放。

3）controls 显示进度控制条。

4）loop 循环播放。

首先下载一个音频和视频，并放在与 HTML 文件同级的目录下，下面创建一个名为 5.html 的文件，案例代码如下。

```html
<! DOCTYPE html>
<html>
    <head>
        <meta charset="UTF-8">
        <title>音频视频测试</title>
    </head>
    <body>
        <audio src="错的时间遇到对的你.mp3" autoplay="autoplay" controls="controls" loop="loop"></audio>
        <video src="雪龙吟.mp4" autoplay="autoplay" controls="controls" loop="loop"></video>
    </body>
</html>
```

运行结果如图 1-28 所示，单击播放按钮即可播放（IE 浏览器支持自动播放，其他浏览器需要手动点击播放）。

● 图 1-28 音频和视频标签

▶▶ 1.3.9 表格标签

表格标签为<table></table>，它的内部基本属性有如下几个。

1）<tr></tr>子标签：表示表格里面的行。

2）<td></td>子标签：表示表格里面的列。

3）<caption></caption>：设置表格的标题。

4）Border：设置表格的边框。

5）borderColor：设置边框的颜色。

6）cellspaing：设置单元格的间隔。

7）width：设置表格的宽度。

8）height：设置表格的高度。

9）lign：设置文本内容的对齐方式（left：左对齐；right：右对齐；center：居中对齐）。

案例：制作一个学生信息表格，要求包含姓名、性别、学号（文件名：8.html），案例代码如下。

```
<! DOCTYPE html>
<html>
    <head>
        <meta charset="UTF-8">
        <title>表格标签</title>
    </head>
    <body>
        <!--align 对齐方式    left 左边 right 右边 center 居中-->
        <table border="2px" bordercolor="black" width="60%" height="300px" align="
center" cellspacing='10px' cellpadding='20'>
            <caption>学生信息管理</caption>
            <tr>
                <th>姓名</th>
              <th>性别</th>
              <th>学号</th>
            </tr>

            <tr>
              <td>张三</td>
              <td>男</td>
            <td>0213145</td>
            </tr>

            <tr>
                <td>小红</td>
            <td>女</td>
            <td>0213147</td>
            </tr>

        </table>
    </body>
  </html>
```

运行结果如图 1-29 所示。

● 图 1-29　学生信息表格

▶▶ 1.3.10　**表单标签**

表单标签的作用是提交不同的数据到后台服务器。在实际生活中，常常会遇到填写问卷调查、账号注册等，需要录入个人信息，这些都是表单。下面来学习如何制作简单的表单标签。表单标签一般使用：<form></form>，表单提交属性一般有以下两种。

1）action：提交到服务器的地址。

2）method：提交采用的方式 如 get 或 post。post 相对比较安全。

<input/>一般叫作输入标签，它的内部可以传入 type 参数。type 表示输入内容的类型，一般有以下的选项：

1）普通输入项：type = "text"。

2）密码输入项：type = "password"。

3）单项输入项：type = "radio"。

4）多项输入项：type = "checkbox"。

5）文件输入项：type = "file"。

6）邮箱输入项：type = "email"。

7）重置按钮：type = "reset"。

8）提交按钮：type = "submit"。

9）普通按钮：type = "button"。

下拉框一般使用<select></select>标签，比如选择城市、年份等信息。子标签为<option></option>，它可以传的值有 name：名称、value、selected = "selected"。名称（name）和值（value）是自定义的。为了更好地理解表单标签，可以通过实战来学习一下，比如制作个人信息表单，如图 1-30 所示，收集姓名、性别、爱好、邮箱、照片等信息，需要填写个人登录密码，确保填写为本人。

分析：可以将表单需要填写的内容放在一个表格中。只需要在中间填写需要的信息即可。例如下面的几个例子：

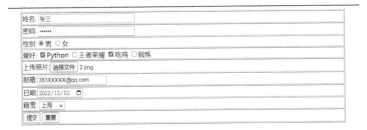

● 图 1-30　个人信息表单

1）填写密码。

```
<tr>
    <td>
    <!--password 密码输入框-->
    密码: <input type="password" name="pwd" id="pwd" size='30'/>
    </td>
</tr>
```

2）填写邮箱。

```
<tr>
    <td>
    邮箱:<input type="email"  name="email" id="email"/>
    </td>
</tr>
```

3）图片上传(图片也是文件)。

```
<tr>
    <td>
    上传照片:<input type="file" name="file" id='file'/>
    </td>
</tr>
```

上述例子几乎只修改一下 type 的形式即可，完整文件以及其他类型的代码见随书资源中的 9.html 文件，读者可以自行下载获取。

▶▶ 1.3.11　框架标签

我们也可以使用框架标签<frameset></frameset>，将多个 HTML 合并到一起，它的属性如下：

1）rows：按照行进行划分，根据填写的百分比进行划分。

2）cols：按照列进行划分，根据填写的百分比进行划分。

它的子标签为<frame/>，用于显示具体的页面。案例：将前面案例中部分的 HTML 合并到一起。如果按照行划分，则案例代码如下所示。

```
<!DOCTYPE html>
<html>
    <head>
        <meta charset="UTF-8">
        <title>合并</title>
    </head>
    <!--按照行进行划分-->
    <frameset rows="20%,40%,40%">
    <frame src="1.html"/>
    <frame src="2.html"/>
    <frame src="3.html"/>
    </frameset>
</html>
```

按行划分的运行结果如图 1-31 所示。

● 图 1-31 按行划分的运行结果

如果按照列划分，案例代码如下所示。

```
<!DOCTYPE html>
<html>
    <head>
        <meta charset="UTF-8">
        <title>合并</title>
    </head>
    <!--按照列进行划分-->
    <frameset cols="50%,50%">
    <frame src="1.html"/>
    <frame src="2.html"/>
    </frameset>
</html>
```

按列划分的运行结果如图 1-32 所示。

● 图 1-32　按列划分的运行结果

同样也可以混合起来使用，案例代码如下所示。

```
<!--混合使用-->
<frameset rows="20%,40%,40%">
<!--相当于头部文件-->
<frame src="1.html"/>
<frameset cols="20% , * ">
<!--相当于左侧导航-->
<frame src="2.html"  target="main"/>
<!--相当于右侧主工作区域-->
<frame src="3.html"  name="main"/>
</frameset>
<frame src="4.html"/>
</frameset>
```

混合使用的运行结果如图 1-33 所示。

● 图 1-33　混合使用的运行结果

1.4 免费网页部署

如果希望网页被别人访问到，该怎么做呢？要实现这样的目的，就需要使用服务器。下面介绍一下免费网页的部署。这里以某云为例，网址为：https://gitee.com/，如果没有账号，读者需要自行注册一个账号。注册后选择"新建仓库"命令，如图 1-34 所示。

• 图 1-34　新建仓库

注意：名称必须用英文表示，其他的选项可以根据需求勾选，暂时不能设置公开，创建后再去设置公开，如图 1-35 所示。

• 图 1-35　仓库信息设置

单击"创建"按钮后得到图 1-36 所示的界面。

● 图 1-36　成功创建

单击"管理",如图 1-37 所示。

● 图 1-37　单击"管理"

进入"管理"选项勾选"开源"复选框,依次勾选"仓库公开须知"下的复选框后进行保存,如图 1-38 所示。

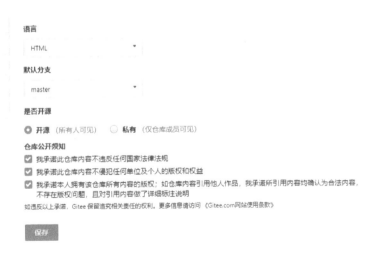

● 图 1-38　公开仓库设置

回到代码部分，单击"文件"菜单中的"上传文件"命令，如图 1-39 所示。

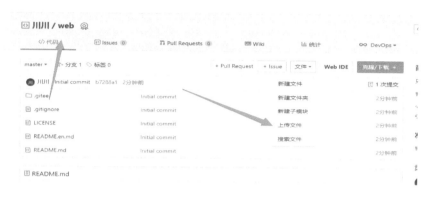

● 图 1-39　上 传 文 件

　　此时可以上传文件了，创建一个文件夹为 test，将 html 文件放到 test 中，记得文件名要修改为 index.html，因为网页默认访问 index.html。将整个 test 文件拖动上传即可，如图 1-40 所示。

● 图 1-40　拖 动 上 传

　　这样文件就已经上传成功了，接下来使它可以被访问。单击"服务"，选择"Gitee Pages"图标按钮，如图 1-41 所示。

● 图 1-41　单击"服务"

这里需要实名认证，读者可自行认证，审核通过后重新进行设置。在“部署目录”中填写文件夹名为“test”，如图 1-42 所示。

部署分支
master
选择您要部署的分支
部署目录
test
填写您要部署的分支上的目录
强制使用 HTTPS
启动

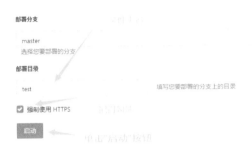

● 图 1-42　填写部署目录

单击“启动”按钮即可，得到网站地址为：https://dgzde567.gitee.io/web，这样就可以访问该网址了，如图 1-43 所示。

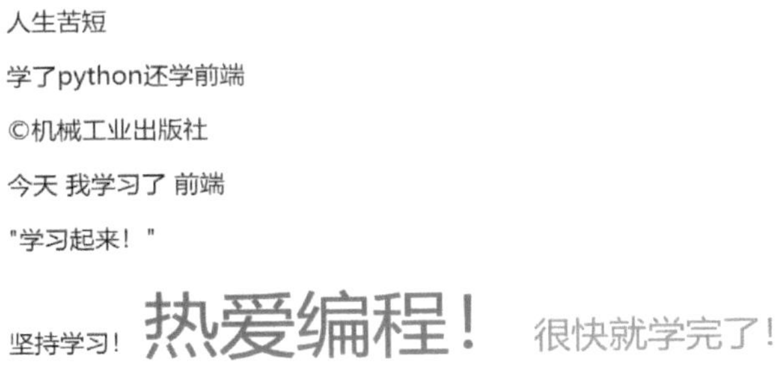
人生苦短
学了python还学前端
©机械工业出版社
今天 我学习了 前端
"学习起来！"
坚持学习！
热爱编程！
很快就学完了！

● 图 1-43　云部署

如果笔者不曾删除该仓库或者设置为私有可见，任何时候都能访问到现在这个网址。同理，读者也可以部署自己的网页。一个仓库只能部署一个，如果需要多个网页网站，就需要创建多个仓库。如果读者对 Web 开发感兴趣，不妨去试着部署一个网站。

1.5 为什么要使用 CSS 框架

Python 也可以做前端，比如流行的框架有 Django 和 Flask。不过在这里并不单独介绍这两个框架，而是介绍一些网页 CSS 基础。在前面介绍了 HTML，通过学习读者能够搭建一些简单的网页。但是读者应该发现，使用 HTML 为网页布局，样式调节很麻烦，所以这里需要在 HTML 基础上添加 CSS。CSS 节省了很多时间，它可以一次控制多个网页的布局。CSS 是用于控制网页样式并允许将样式信息和网页分离的一种标记性语言。如果只是用 HTML，会有如下缺点：

1) 维护困难，同一个标签也许有多个，逐个修改花费时间多。

2) 标签不足，无法满足深度用户的需求。

3) 网页显得臃肿。

CSS 的语法格式如下：

```
标签名 {
属性名：属性值;
属性名：属性值;
属性名：属性值;
}
```

1.6 选择器

选择器种类很多，学习一些常用的标签即可，如下所示。

1) 标签选择器。

2) 类选择器。

3) ID 选择器。

4) 全局选择器。

5) 属性选择器。

6) 包含选择器。

不同的资料对其称呼可能不同，但是使用方法基本一样。

▶▶ 1.6.1 标签选择器

下面有一段很基础的 html 代码（案例文件：CSS/1.html），如下所示。

```
<! DOCTYPE html>
<html lang="en">
<head>
<meta charset="UTF-8">
<title>first</title>
</head>
<body>
<p>学习 CSS 中</p>
        <p>我爱学习</p>
        <p>学习爱我</p>
</body>
</html>
```

运行结果如图 1-44 所示。

从运行结果中可以发现，每一个段落都在一对<p></p>标签中，如果想设置颜色和字体居中等，逐个去修改就太麻烦了。这里可以使用 CSS 中的标签选择器，一般将它放到 head 的<style></style>标签中。

学习CSS中

我爱学习

学习爱我

● 图 1-44 运行结果

案例：将上面的一段 HTML 字体位置设置为居中，颜色设置为红色，只需要在<head></head>中添加如下标签内容即可。

```
<style>
p {
        color:red;
        text-align: center;
    }

</style>
```

补充说明：

1）p 是 CSS 中的选择器，它指向的是 p 标签。

2）color 是颜色属性，red 是它的属性值，也可以尝试修改为别的值。

3）text-align 是文本位置属性，值为 center 表示居中。

这样就能实现所有<p>标签的调整，修改效果如图 1-45 所示。

学习CSS中

我爱学习

学习爱我

● 图 1-45 修改效果

完整代码如下所示（案例文件：CSS/1.html）。

```
<! DOCTYPE html>
<html>
    <head>
        <meta charset="UTF-8">
        <title>first</title>
        <style>
```

```
        p {
                color:red;
                text-align: center;
            }

        </style>
    </head>
    <body>
        <p>学习 CSS 中</p>
        <p>我爱学习</p>
        <p>学习爱我</p>
    </body>
</html>
```

▶▶ 1.6.2 类选择器

前文使用标签选择器实现了所有相同名称的标签修改样式，如果只需要修改其中一部分的样式呢？这里就要用到类选择器了。

如果只想修改某个标签，这个标签必须有特定的 class 元素。在 class 名称前加点，表示只对 class 为特定某个名称的标签进行修改。例如下面例子所示，对 class 为 test 的 p 标签进行修改，而 class 为 test2 的 p 标签并没有修改（案例文件：CSS/2.html）。

```
<! DOCTYPE html>
<html>
    <head>
        <meta charset="UTF-8">
        <title>second</title>
        <style>
            .test{
                text-align: center;
                color: red;
            }
        </style>
    </head>

    <body>
        <p class="test">我爱学习</p>
        <p class="test2">学习爱我</p>
        <p class="test">学习 CSS</p>
    </body>
</html>
```

修改效果如图 1-46 所示。

我爱学习

学习爱我

学习CSS

● 图 1-46　修改效果

▶▶ 1.6.3　ID 选择器

和类选择器的用法基本相同，区别在于：ID 选择器最好在同一个页面中只使用一次。修改 id 需要在开头添加#号，后跟该元素的 id 值，比如下面的例子对 id 值为 special 的标签修改为红色居中（案例文件：CSS/3.html）。

```
<! DOCTYPE html>
<html>
    <head>
        <meta charset="UTF-8">
        <title>three</title>

        <style type="text/css">
            #special{
            text-align: center;
            color: red;
            }
        </style>

    </head>
    <body>
        <p class="bold">小时候</p>
        <p id='special'>乡愁是一枚小小的邮票</p>
        <p class="bold">我在这头</p>
        <p class="special">母亲在那头</p>
    </body>
</html>
```

执行效果如图 1-47 所示。

小时候

乡愁是一枚小小的邮票

我在这头

母亲在那头

● 图 1-47　执行效果

▶▶ 1.6.4　全局选择器

如果想要对所有标签做相同的修改，只需要用 * 号来选择即可。比如下面这段代码，不管它是 class 还是 id，统一修改为红色居中（案例文件：CSS/4.html 文件）。

```html
<!DOCTYPE html>
<html>
    <head>
        <meta charset="UTF-8">
        <title>three</title>

        <style type="text/css">
            * {
            text-align: center;
            color: red;
        }
        </style>

    </head>
    <body>
        <p class="bold">小时候</p>
        <p id='special'>乡愁是一枚小小的邮票</p>
        <p class="bold">我在这头</p>
        <p class="special">母亲在那头</p>
    </body>
</html>
```

执行效果如图 1-48 所示。

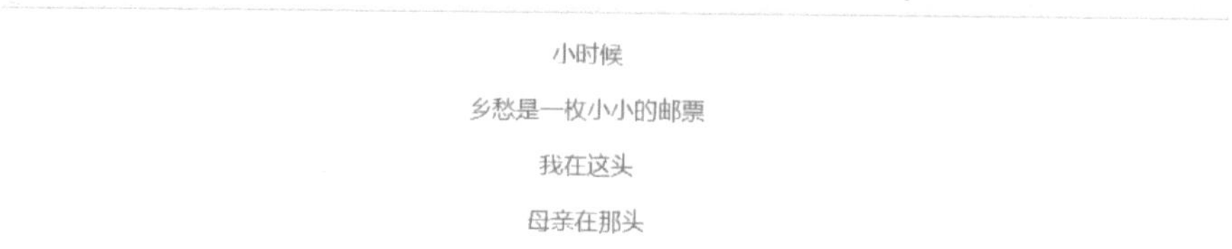

小时候

乡愁是一枚小小的邮票

我在这头

母亲在那头

● 图 1-48　执行效果

▶▶ 1.6.5　属性选择器

属性选择器可以根据元素的属性及属性值来选择。它的基本语法有如下类似形式。

1）形式 1。

```
选择器[属性名]{
属性名称 1:值 1;
```

```
属性名称 2:值 2;
    ...
    }
```

2）方式 2。

```
选择器[属性名="属性值"]{
属性名称 1:值 1;
属性名称 2:值 2;
    ...
    }
```

案例 1：将<p>标签中包含 class 的元素对应的内容修改为蓝色且居中，案例代码如下。

```
<!DOCTYPE html>
<html>
    <head>
        <meta charset="UTF-8">
        <title>属性选择器</title>

        <style>
            p[class]{
                color: blue;
                text-align: center;
            }

        </style>
    </head>
    <body>
        <p class="bold">独坐幽篁里,</p>
        <p id='special'>弹琴复长啸。</p>
        <p class="bold">深林人不知,</p>
        <p class="special">明月来相照。</p>
    </body>
  </html>
```

效果如图 1-49 所示。

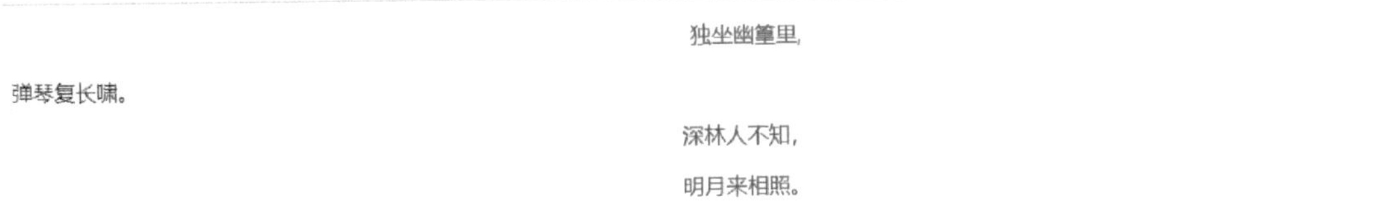

独坐幽篁里,

弹琴复长啸。

深林人不知,

明月来相照。

● 图 1-49　案例 1 执行效果

案例 2：将<p>标签中 class 属性且属性值为 bold 的内容修改为蓝色且居中（案例文件：CSS/5.html），案例代码如下。

```
<! DOCTYPE html>
<html>
    <head>
        <meta charset="UTF-8">
        <title>属性选择器</title>

        <style>
            p[class="bold"]{
                color: blue;
                text-align: center;
            }
        </style>
    </head>
    <body>
        <p class="bold">独坐幽篁里,</p>
        <p id='special'>弹琴复长啸。</p>
        <p class="bold">深林人不知,</p>
        <p class="special">明月来相照。</p>
    </body>
</html>
```

执行效果如图 1-50 所示。

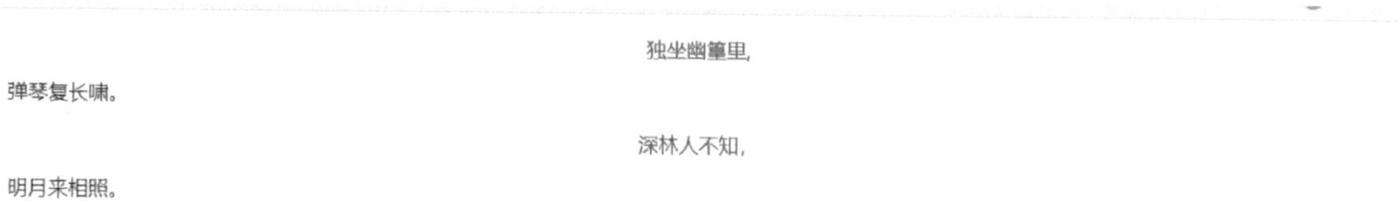

独坐幽篁里,

弹琴复长啸。

深林人不知,

明月来相照。

● 图 1-50　案例 2 执行效果

▶▶ 1.6.6　包含选择器

包含选择器适用于稍微复杂一点的网页,因为一般的标签不会全部直接堆积在\<body>\</body>中,在\<body>\</body>中也有可能是分开管理的。

包含选择器的基本语法为:

```
父标签选择器>子标签选择器{
}
```

案例:修改\</div>标签中\<p>标签的颜色为红色且居中(案例文件:CSS/6.htlml),案例代码如下。

```
<! DOCTYPE html>
<html>
    <head>
```

```
        <meta charset="UTF-8">
        <title>包含标签</title>

        <style>
            #special>p{
                color: red;
                text-align:center;
            }
        </style>
    </head>
    <body>
        <p>君自故乡来,</p>
        <p>应知故乡事。</p>
        <p>来日绮窗前,</p>
        <p>寒梅著花未？</p>

        <div id="special">
            <p>杂诗三首·其二</p>
        </div>
    </body>
</html>
```

执行效果如图 1-51 所示。

君自故乡来,
应知故乡事,
来日绮窗前,
寒梅著花未?

杂诗三首·其二

● 图 1-51 执行效果

▶▶ 1.6.7 选择器的综合使用

如果将前面的选择器放到一起使用，这样就能将不同的标签修改为不同的样式。案例：标签、类、id、全局、属性，包含选择器的综合使用（案例文件：CSS/7.html），案例代码如下。

```
<!DOCTYPE html>
<html>
    <head>
        <meta charset="UTF-8">
        <title>选择器</title>
        <style>
            /全局选择器 全局背景修改 */
            * {
                background-color: beige;
```

```
        }
        /*标签选择器*/
        p {
            color:red;
        }

        /*类选择器*/
        .first {
            color:yellow;
            /*设置文本距离左边为20px*/
            text-indent: 20px;
            /*font-size:20px;*/
        }
        /*id选择器*/
        #second {
            color:white;
            background-color: hotpink;
        }
        /*属性选择器    name是p标签里面的属性*/
        p[name] {
            color:darkolivegreen;
        }
        /*单独设置name属性是good2的样式*/
        p[name='good2'] {
            background-color: chocolate;
            color:#FFFFFF;
        }
        /*包含选择器*/
        #box > span {
            color:brown;
            background-color: hotpink;
        }
        /*组合选择器*/
        /*div,p,span {
            font-size:50px;
        }*/

        }
    </style>
</head>
<body>
    <p class="first">怅卧新春白袷衣,</p>
    <p id="second">白门寥落意多违。</p>
    <p class="first">红楼隔雨相望冷,</p>
    <p name="good">珠箔飘灯独自归。</p>
    <p name="good2">远路应悲春晼晚,</p>
```

```
    <p name="good3">残宵犹得梦依稀。</p>
    <p>玉珰缄札何由达,万里云罗一雁飞。</p>

  <div id="box">
    <span>国破山河在,城春草木深。</span>
    <p>感时花溅泪,恨别鸟惊心。</p>
  </div>

  </body>
</html>
```

执行效果如图 1-52 所示。

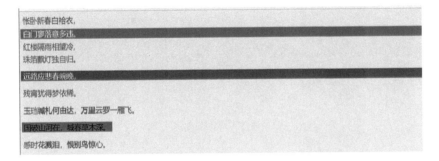

● 图 1-52 执行效果

1.7 CSS 和 HTML 的结合方式

CSS 与 HTML 结合,能够设计出更加优美的布局,它们之间有以下 4 种结合方式:

1)行内样式。

2)内嵌样式。

3)链接样式。

4)导入样式。

下面依次进行介绍。

▶▶ 1.7.1 行内样式

可以直接在标签中添加属性 style,style 的值其实就是 CSS 代码。案例:第一个 p 标签添加为红色背景,字体为黑色,大小为 20;第二个 p 标签设置为蓝色字体,字体类型设置为:italic(文件:CSS/8.html)。

```
<!DOCTYPE html>
<html>
```

```
    <head>
        <meta charset="UTF-8">
        <title>行内样式</title>
    </head>
    <body>
        <!--设置背景为红色,字体颜色为黑色,字体大小为 20-->
        <p style="background-color: red;color:black;font-size: 20px;">归山深浅去,须尽丘壑美。</p>
        <!--设置字体颜色为蓝色,字体为 italic 形式-->
        <span style="color:blue;font-style: italic;">莫学武陵人,暂游桃源里。</span>
    </body>
</html>
```

执行效果如图 1-53 所示。

归山深浅去，须尽丘壑美。

莫学武陵人，暂游桃源里。

● 图 1-53　执行效果

▶▶ 1.7.2　内嵌样式

内嵌样式就是在<head>标签中使用<style>标签。它的优点是所有的 CSS 代码集中在一个区域中,方便后期维护,实现了 HTML 和 CSS 代码的分离。它的缺点是,仅仅适合单个页面的管理,如果是多个页面,实现起来依然很费力。

案例:两个<p>标签设置为居中,字体大小设置为 50,背景设置为黄色(案例文件: CSS/9. html),案例代码如下。

```
<! DOCTYPE html>
<html>
    <head>
        <meta charset="UTF-8">
        <title>内嵌样式</title>
        <style>
            /*标签选择器*/
            body {
                background-color:yellow;
            }

            /*类选择器*/
            /*.one {
                color:black;
                font-size:50px;
```

```
            text-align: center;
        }
        #two {
            color:black;
            font-size: 50px;
            text-align: center;
        } * /

        /*格式要求一样,可以合并写*/
        .one,#two{
            color:black;
            font-size: 50px;
            text-align: center;
        }
    </style>
</head>
<body>
    <div class="one">白日依山尽,黄河入海流。</div>
    <div id="two">欲穷千里目,更上一层楼。</div>
</body>
</html>
```

执行效果如图 1-54 所示。

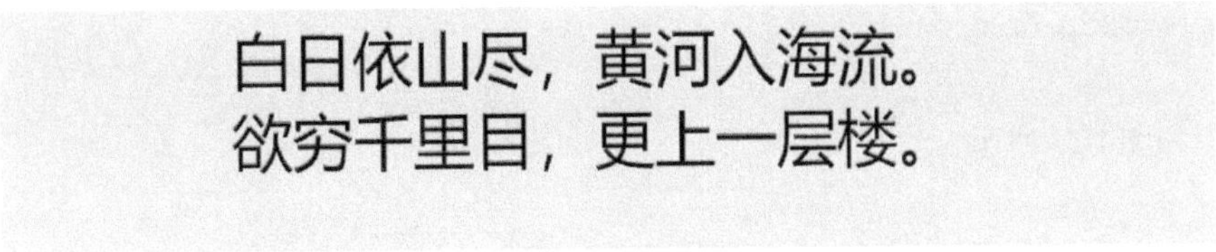

白日依山尽，黄河入海流。
欲穷千里目，更上一层楼。

● 图 1-54　执行效果

▶▶ 1.7.3　链接样式

链接样式最为常用，也适用于多个页面。如果多个页面需要同样的修改，那么每个页面只需要直接导入 CSS 文件即可，而不用对每一个页面写<style>标签。它的基本形式为：<link　href="外部 css 文件的路径"type="MIME 类型"rel="文本类型">。

具体参数说明如下。

1）href：css 文件的路径，一般使用相对路径。

2）rel：一般设置为 stylesheet。

3）type 参数根据格式选择，如文本为 "css:text/css"；JS 为 "ext/javascript"；图片为 "image/jpg"，所有图片为 "image/*"。

案例：对两个<p>标签设置为居中，字体大小为 50，整体背景设置为黄色，创建 html 文件（案例文件：CSS/10.html），案例代码如下。

```
<! DOCTYPE html>
<html>
    <head>
        <meta charset="UTF-8">
        <title>链接样式</title>
        <link href="css/1.css" type="text/css" rel="stylesheet"/>
    </head>
    <body>
        <div class="one">红豆生南国,春来发几枝。</div>
        <div id="two">愿君多采撷,此物最相思。</div>
    </body>
</html>
```

创建一个名为 CSS 的文件夹，在 CSS 文件夹中创建一个名为 1.css 的文件，案例代码如下。

```
body {
            background-color:yellow;
    }

/*要求格式一样,可以合并写*/
.one,#two{
    color:black;
    font-size: 50px;
    text-align: center;
}
```

文件目录如图 1-55 所示。

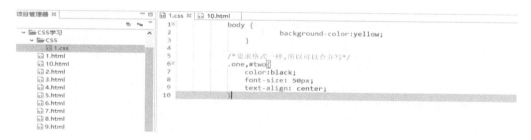

● 图 1-55　目录

执行效果如图 1-56 所示。

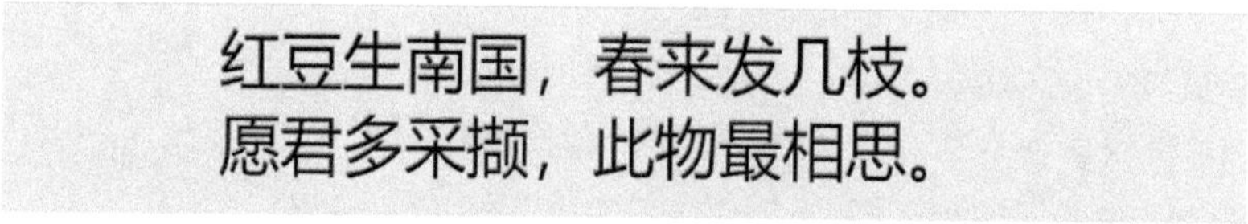

红豆生南国，春来发几枝。
愿君多采撷，此物最相思。

● 图 1-56　执行效果

1.7.4 导入样式

导入样式与链接样式类似，它们是同等级的，将该样式添加到 style 中。CSS 文件夹中有刚刚创建的 1.css 文件，有以下几种导入方式。

1) @importurl（css/1.css）

2) @importurl（"css/1.css"）

3) @importurl（'css/1.css'）

案例代码如下（文件：CSS/11.html）。

```
<!DOCTYPE html>
<html>
    <head>
        <meta charset="UTF-8">
        <title>链接样式</title>
        <style>
            /*@import url(css/1.css) */
            /*@import url("css/1.css") */
            @import url('css/1.css')

        </style>
    </head>
    <body>
        <div class="one">独坐幽篁里,弹琴复长啸。</div>
        <div id="two">深林人不知,明月来相照。</div>
    </body>
</html>
```

执行效果如图 1-57 所示。

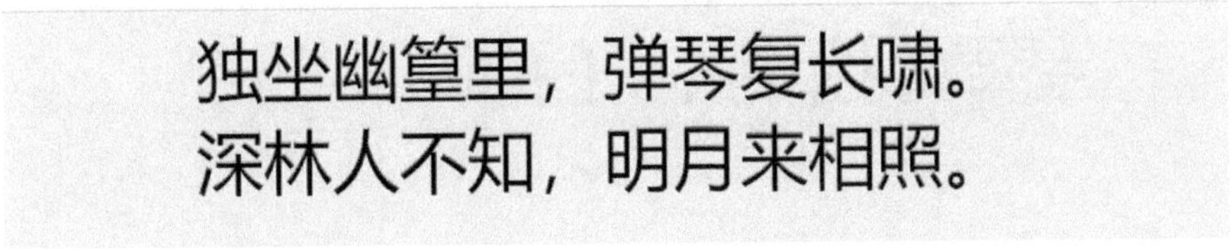

独坐幽篁里，弹琴复长啸。
深林人不知，明月来相照。

● 图 1-57 执行效果

1.7.5 优先级

综上所述，通过各种组合方式的作用范围，即可对比出各自的缺点。

1) 行内样式：只作用于当前标签。

2) 内嵌样式：只作用于当前页面。

3) 链接样式和导入样式：可以同时作用于多个页面。

一般来说各组合方式优先级对比如下。

1）行内样式的优先级最高。

2）内嵌样式、链接样式和导入样式：内嵌式>导入式>链接式。

案例如下。

```
<! DOCTYPE html>
<html>
    <head>
        <meta charset="UTF-8">
        <title>样式优先级问题</title>
        <style>
            /*内嵌样式*/
            p {
                color:red;
            }
        </style>

        <!--链接样式-->
        <link href="css/1.css" type="text/css" rel="stylesheet"/>

    </head>
    <body>
        <p class='one'>春草明年绿,王孙归不归？</p>

    </body>
</html>
```

执行效果如图 1-58 所示。

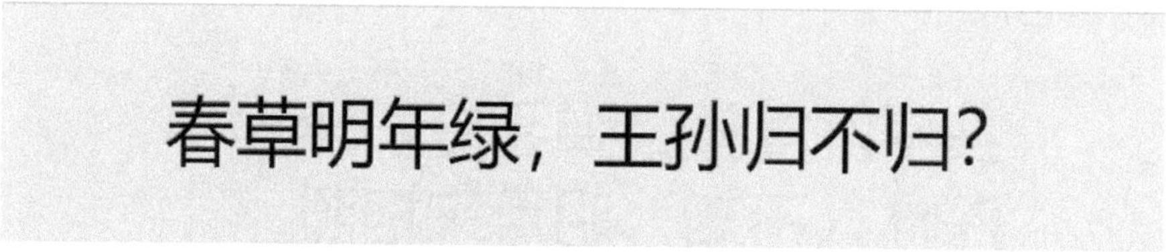

春草明年绿，王孙归不归？

● 图 1-58　执行效果

上述代码中先设置内嵌样式，且字体设置为红色，然后以链接样式导入了 CSS 文件。

1.8　CSS 的常见属性

在前面的介绍中，我们使用了颜色、字体、文本等样式调节。这些都是基本的属性，本节将详细介绍这些属性的内容。

▶▶ 1.8.1 字体属性

字体的属性如下所示。

1）font-family：设置字体类型。

2）font-size：设置字体大小，单位为像素（px），网页开发一般使用单位 em，1em＝16px。

3）font-style：设置字体风格。

4）font-weight：设置字体粗细，常用属性值为 normal、bold、lighter。

这里举一个例子，读者根据具体设置去理解：设置<p>标签字体颜色为黑色，大小为 32px，字体风格为 italic（案例文件：CSS/13.html），案例代码如下。

```html
<! DOCTYPE html>
<html>
    <head>
        <meta charset="UTF-8">
        <title>字体属性</title>
        <style>
            /*标签选择器*/
            p {
                /*.设置字体*/
                font-family: "黑体";

                /*设置字体大小为 2em(32px)*/
                font-size: 32px;

                /*字体风格*/
                font-style:italic;

                /*字体加粗
                 取值范围 100~900,数字越大,字体越粗
                bold: 加粗
                bolder: 比 bold 稍微粗一点
                normal: 正常的文本
                lighter: 比 normal 稍微细一点
                */
                font-weight: lighter;
            }
            /*
            px 和 em: 都是文本显示大小单位
             px: 像素，与分辨率有关
             em: 自动使用大小，方便放大缩小字体
            1em = 16px;
             oblique 和 italic 的区别
             italic: 只是一种字体风格，对单个字母进行一定的改动，达到文本倾斜的效果
```

```
        oblique:则是将正常的文字倾斜到一定的角度
        */
    </style>
</head>

<body>
    <p>空山不见人,但闻人语响。</p>
    <p>返景入深林,复照青苔上。</p>
</body>
</html>
```

执行效果如图 1-59 所示。

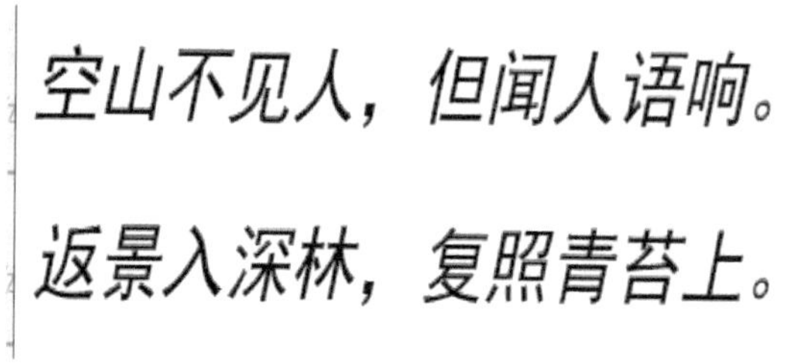

空山不见人，但闻人语响。

返景入深林，复照青苔上。

● 图 1-59 执行效果

▶▶ 1.8.2 文本属性

常见的文本属性如下所示。

1）text-decoration：对文本进行装饰，常见的有 none（正常）、overline（上画线）、underline（下画线）、line-through（删除线）。

2）text-indent：文本缩进，中文一般设置为 2em。

3）text-align：对齐方式，一般有 left（左对齐）、right（右对齐）、center（居中对齐）、justify（两端对齐）。

4）text-transform：大小写字母的转换。

5）direction：文本对齐方式，一般有 rtl（右对齐）、ltr（左对齐），也是默认值。

6）letter-spacing：设置字符间距。

7）word-spacing：设置单词间距。

案例代码如下（文件；CSS/14.html）。

```
<! DOCTYPE html>
<html>
    <head>
        <meta charset="UTF-8">
        <title>文本属性</title>
```

```html
<style>
    /*标签选择器*/
    p {
        /*1.文本装饰
        none:正常的
        blink:文本闪烁,有些浏览器不兼容
        overline:上画线
        underline:下画线
        line-through:删除线
        */
        text-decoration: line-through;

        /*文本缩进：中文一般为2em*/
        text-indent: 2em;

        /*文本对齐方式
        left:左对齐
        right:右对齐
        center:居中对齐
        justify:两端对齐
        */
        text-align: center;

        /*字母大小写的转换*/
        text-transform: capitalize;

        /*文本对齐方式
        ltr:默认左对齐
        rtl:右对齐
        */
        direction: ltr;

        /*设置字符间距*/
        letter-spacing: 10px;

        /*设置单词间距*/
        word-spacing: 30px;
    }
</style>
</head>
<body>
    <p> 向晚意不适,驱车登古原。</p>
    <p>夕阳无限好,只是近黄昏。</p>
</body>
</html>
```

执行效果如图 1-60 所示。

向 晚 意 不 适 , 驱 车 登 古 原 。

夕 阳 无 限 好 , 只 是 近 黄 昏 。

● 图 1-60 执行效果

▶▶ 1.8.3 尺寸属性

尺寸属性如下所示。

1) height：设置元素的高度。

2) width：设置元素的宽度。

3) line-height：设置行高。

案例代码如下（文件：CSS/15.html）。

```
<! DOCTYPE html>
<html>
    <head>
        <meta charset="UTF-8">
        <title>尺寸属性</title>
        <style>
            /*标签选择器*/
            p {
                background-color: beige;
                height:50px;
                /*如果元素高度和行高一致,垂直居中*/
                /*line-height: 100px; */
                line-height: 50px;
            }
        </style>
    </head>

    <body>
        <p>
            规划我的路,一步一步走,不去用嘴说,而是用心做。
            永不言败,是成功者的最佳品格。
        </p>
    </body>
</html>
```

执行效果如图 1-61 所示。

规划我的路，一步一步走，不去用嘴说，而是用心做。 永不言败，是成功者的最佳品格。

● 图 1-61 执行效果

注意：如果 height 与 line-height 相等，表示垂直居中。

▶▶ 1.8.4　背景属性

背景属性针对的是整个网页页面设置背景而言的。它常见的属性如下。

1）background-color：背景色。

2）background-image：背景图。

3）background：背景色/图。

4）background-repeat：背景样式为平铺效果，比如 repeat（整体平铺）、no-repeat（不平铺）。

案例如下（文件：CSS/16.html）。

```
<! DOCTYPE html>
<html>
    <head>
        <meta charset="UTF-8">
        <title>背景属性</title>
        <style>
            body {
                height: 5000px;

                text-align: center;
                /*设置网页背景颜色*/
                /*background-color: gray; */
                /*设置背景图
                语法格式：url（相对路径图片）
                默认整个网页进行平铺
                */
                background-image: url（img/1. png）;
                /*背景样式为平铺效果*/
                /*background-repeat: no-repeat; */
                /*背景图像的位置*/
                background-position: right;
                /*设置是否随着网页滚动*/
                background-attachment: scroll;
                /*设置背景渐变效果*/
                /*设置垂直渐变*/
                /*background: linear-gradient（blue, red）; */
                /*设置水平渐变*/
                /*background: linear-gradient（to right, blue, green）; */
                /*对角线渐变 从左上角到右下角*/
                /*background: linear-gradient（to bottom right, yellow, black）; */
            }
        </style>
    </head>
    <body>
```

```
        <p>向晚意不适,驱车登古原。</p>
        <p>夕阳无限好,只是近黄昏。</p>
    </body>
</html>
```

执行效果如图 1-62 所示。

● 图 1-62　执行效果

注意：background-image 是导入的图片，建议提前建立一个 image 文件夹，在文件夹里添加素材图片。

▶▶ 1.8.5　制作照片墙

这里补充一个选择器：nth-child( )。它的作用是选取父标签的子元素标签，比如设置 p 标签的第三个背景为红色，CSS 代码如下。

```
p:nth-child(3) {
  background: red;
}
```

案例：将第二个 p 标签设置为红色背景（文件：CSS/18.html）。

```
<! DOCTYPE html>
<html>
<head>
    <meta charset="UTF-8">
    <title>nth-child 选择器</title>
    <style>
      p:nth-child(2) {
      background: red;
      }
    </style>
</head>
<body>
    <p>这是一个测试</p>
    <p>T 这是一个测试</p>
```

```
    <p>T 这是一个测试</p>
    <p>这是一个测试</p>
</body>
</html>
```

执行效果如图 1-63 所示。

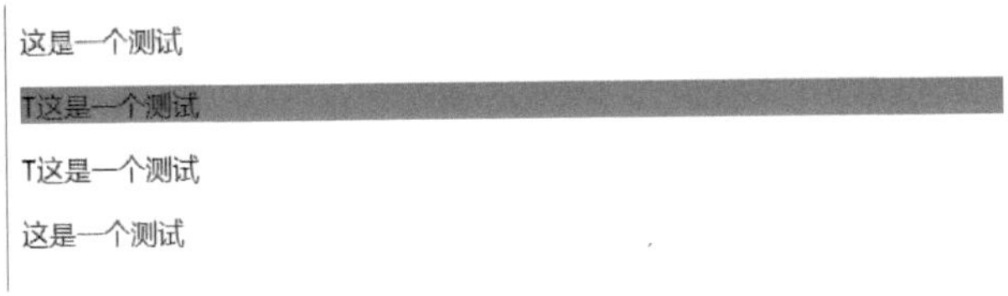

这是一个测试
T这是一个测试
T这是一个测试
这是一个测试

● 图 1-63 执行效果

下面来制作一个简单的照片墙，需要设置的属性如下：

1）margin：0 auto：表示内容居中显示。

2）transform-origin：设置旋转起点，一般设置为 center 更合适。

3）transition-duration：设置过渡时间，单位为秒（s）。

4）transform：rotate：用于设置旋转角度，单位为 deg。

案例如下（案例文件：CSS/17.html）。

```
<! DOCTYPE html>
<html>
    <head>
        <meta charset="UTF-8">
        <title>照片墙</title>
        <style>
            /*id 选择器*/
            #box {
                width:80%;
                background-color: orange;
                /*内容居中显示*/
                margin:0 auto;
            }
            /*包含选择器*/
            #box > img {
                width:200px;
                height:250px;
                margin:30px;

                /*设置旋转的起点*/
                transform-origin: center;

                /*设置过渡的时间*/
```

```
        transition-duration: 2s;
        transition-property: all;
        }
        /*需要对每张图片单独设置效果*/
        /*transform: rotate 用于设置旋转角度*/
        #box > img:nth-child(1) {
            transform: rotate(20deg);
        }
        #box > img:nth-child(2) {
            transform: rotate(-20deg);
        }
        #box > img:nth-child(3) {
            transform: rotate(20deg);
        }
        #box > img:nth-child(4) {
            transform: rotate(-20deg);
        }
        #box > img:nth-child(5) {
            transform: rotate(20deg);
        }
        #box > img:nth-child(6) {
            transform: rotate(-20deg);
        }
        #box > img:nth-child(7) {
            transform: rotate(20deg);
        }
        #box > img:nth-child(8) {
            transform: rotate(-20deg);
        }

        /*将鼠标放到图片上面旋转 30deg,图片放大 1.5 倍*/
        /*transform: scaleY 表示缩放倍数*/
        #box > img:hover {
            transform: rotate(30deg) scale(1.5);
        }
    </style>
</head>
<body>
    <div id="box">
        <img src="img/1.jpg"/>
        <img src="img/2.jpg"/>
        <img src="img/3.jpg"/>
        <img src="img/4.jpg"/>
        <img src="img/5.jpg"/>
        <img src="img/6.jpg"/>
        <img src="img/7.jpg"/>
        <img src="img/8.jpg"/>
```

```
        </div>
    </body>
</html>
```

照片墙效果如图 1-64 所示。

● 图 1-64　照片墙效果

由于 CSS 的属性过多，受篇幅限制，并不能全部讲解，具体使用到某些属性时，可以查阅相关资料。

1.9　作业习题

通过前文的学习与实践，相信读者已经掌握了基本的知识，下面来做几个练习巩固一下。

▶▶ 1.9.1　HTML 作业习题

1）使用 HTML 基础知识，实现与图 1-65 类似的效果，对任务讲解做一个显示。

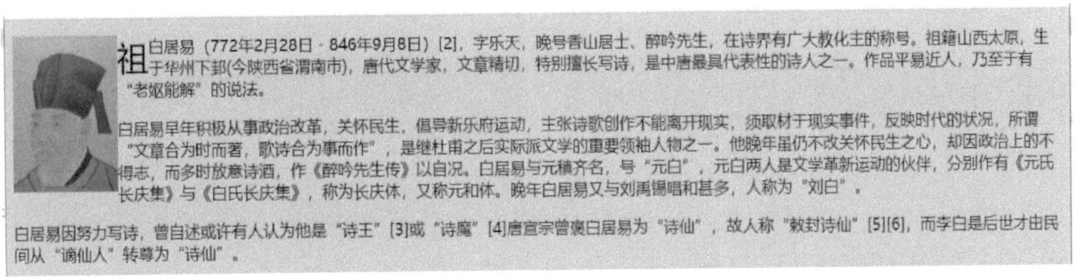

祖

白居易（772年2月28日 - 846年9月8日）[2]，字乐天，晚号香山居士、醉吟先生，在诗界有广大教化主的称号。祖籍山西太原，生于华州下邽(今陕西省渭南市)，唐代文学家，文章精切，特别擅长写诗，是中唐最具代表性的诗人之一。作品平易近人，乃至于有"老妪能解"的说法。

白居易早年积极从事政治改革，关怀民生，倡导新乐府运动，主张诗歌创作不能离开现实，须取材于现实事件，反映时代的状况，所谓"文章合为时而著，歌诗合为事而作"，是继杜甫之后实际派文学的重要领袖人物之一。他晚年虽仍不改关怀民生之心，却因政治上的不得志，而多时放意诗酒，作《醉吟先生传》以自况。白居易与元稹齐名，号"元白"，元白两人是文学革新运动的伙伴，分别作有《元氏长庆集》与《白氏长庆集》，称为长庆体，又称元和体。晚年白居易又与刘禹锡唱和甚多，人称为"刘白"。

白居易因努力写诗，曾自述或许有人认为他是"诗王"[3]或"诗魔"[4]唐宣宗曾褒白居易为"诗仙"，故人称"敕封诗仙"[5][6]，而李白是后世才由民间从"谪仙人"转尊为"诗仙"。

● 图 1-65　作业 1

2）使用超链接标签，单击文字分别跳转到 CSDN 和知乎，效果如图 1-66 所示。

• 图 1-66　作业 2

3）制作一个志愿者名单表格，如图 1-67 所示。

上海XX大学志愿者名单	
姓名	学号
小王	0001
小红	0002
小强	0003

• 图 1-67　作业 3

4）请将任意一道题写好答案部署到码云上。

▶▶ 1.9.2　CSS 作业习题

1）制作一个照片墙。

2）制作与图 1-68 类似的信息表单。

信息提交

姓名：

年龄：

学号：

• 图 1-68　作业 4

本章所有代码和作业答案可以从 Github 开源仓库下载，地址为：https://github.com/sfvsfv/Crawer。

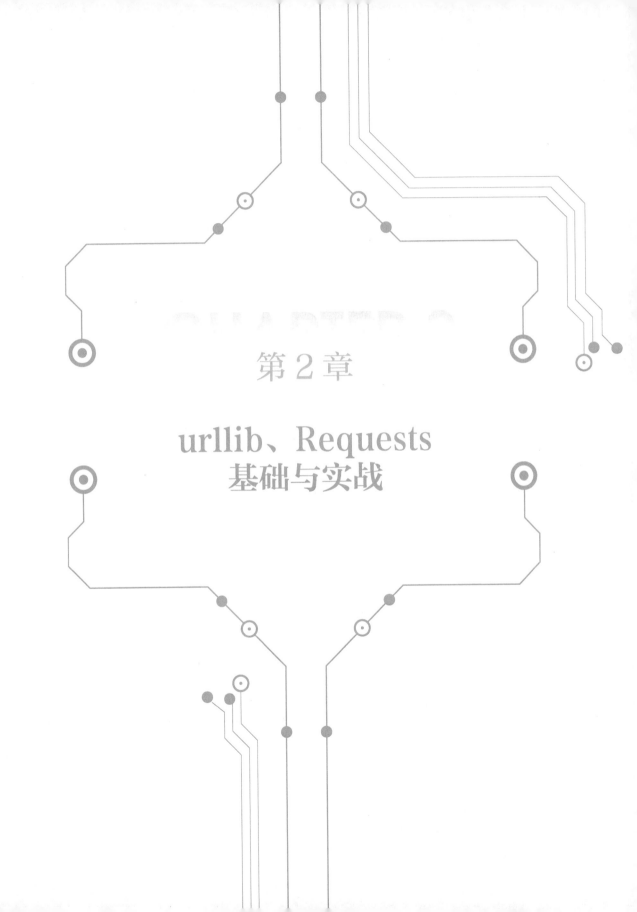

第 2 章

urllib、Requests
基础与实战

第 1 章介绍了 HTML 与 CSS 的基础知识。本章开始介绍爬虫的内容。为什么学习爬虫？在大数据时代，数据如此庞大，对于一些需要的数据，只需要写一小段的爬虫程序就能轻松获取到。本章内容主要使用 jupyter 进行演示，建议读者提前安装好该软件。

2.1　urllib 的使用

urllib 包是 Python 的 URL 处理模块。它用于获取 URL，使用 urlopen 函数打开获取的网页，并且能够使用各种不同的协议获取 URL。urllib 是 Python3 自带的内置模块，不需要下载即可使用。

urllib 模块包含的方法如下：

1）urllib.request：打开和读取 URL。

2）urllib.error：包含 urllib.request 抛出的异常。

3）urllib.parse：用于解析 URL。

4）urllib.robotparser：用于解析 robots.txt 文件。

在后面的学习中，会对该模块进行详细介绍。

▶▶ 2.1.1　urlopen 网址请求

这里以某搜索为目标网址：https://cn.bing.com/? mkt = zh-CN，如果要打开该网页并获取代码，只需要以下三行代码即可：

```
import urllib.request
response = urllib.request.urlopen('https://cn.bing.com/? mkt=zh-CN')
print(response.read().decode('utf-8'))#调用 read 方法可以得到返回的网页内容并打印网页代码。
```

运行代码及获取的代码如图 2-1 所示。

```
: import urllib.request

response = urllib.request.urlopen('https://cn.bing.com/?mkt=zh-CN')

print(response.read().decode('utf-8'))#调用 read 方法可以得到返回的网页内容，并打印网页源码

<!doctype html><html lang="zh" dir="ltr"><head><meta name="theme-color" content="#4F4F4F" /><meta name="description" content="必应可帮助你
将理论付诸实践，使得搜索更加方便快捷，从而达到事半功倍的效果。" /><meta http-equiv="X-UA-Compatible" content="IE=edge" /><meta name="viewp
ort" content="width=device-width, initial-scale=1.0" /><meta property="fb.app_id" content="570810223073062" /><meta property="og:type" con
tent="website" /><meta property="og:title" content="布列塔尼！" /><meta property="og:image" content="https://www.bing.com/th?id=OHR.Brehat
Island_ZH-CN6015596530_tmb.jpg&amp;rf=" /><meta property="og:image:width" content="1366" /><meta property="og:image:height" content="768"
/><meta property="og:url" content="https://www.bing.com/?form=HPFBBK&amp;ssd=20220311_1600&amp;mkt=zh-CN" /><meta property="og:site_name"
content="必应" /><meta property="og:description" content="今天我们要游览的是山上岛和86个邻近小岛及珊瑚礁组成的布雷阿群岛，布列塔尼成功赢得
了我们的喜爱！19" /><title>必应</title><link rel="shortcut icon" href="/sa/simg/favicon-2x.ico" /><link rel="preload" href="https://s.cn.b
ing.net/th?id=OHR.BrehatIsland_ZH-CN6015596530_1920x1080.jpg&amp;rf=LaDigue_1920x1080.jpg" as="image" id="preloadBg" /><link rel="preloa
d" href="/rp/tlifxqsNyCzxIJnRwtQKuZToQQw.js" as="script" /><link rel="preload" href="/rp/tlifxqsNyCzxIJnRwtQKuZToQQw.js" as="script" />
style type="text/css">@media(max-width:1237px){#id_n{white-space:nowrap;overflow:hidden;text-overflow:ellipsis;max-width:100px;display:inl
```

● 图 2-1　运行代码及获取的代码（一）

代码解释如下。

1）第一行：导入模块。

2）第二行：使用 urlopen 方法打开网页。

3）第三行：使用 read 方法读取网页，decode（'utf-8'）表示将 utf-8 设置为编码方式，用 print 打印并显示出来。

如果网速比较慢或者所请求的网站打开时比较缓慢，可以设置一个超时限制，这时需要加入 timeout 参数，比如设置超时时间为 10s。

```
import urllib.request
response = urllib.request.urlopen('https://cn.bing.com/? mkt=zh-CN',timeout=10)
print(response.read().decode('utf-8'))#调用 read 方法可以得到返回的网页内容,打印网页代码
```

运行代码及获取的代码如图 2-2 所示。

● 图 2-2 运行代码及获取的代码（二）

▶▶ 2.1.2 网页的保存和异常处理

在 2.1.1 小节中将网页的内容进行了读取，如果想要将这个代码保存到 HTML 文件，可以使用前面介绍的文件处理方法。同时，可以加入异常处理方法 try...except，案例代码如下。

```
try:
    x = urllib.request.urlopen('https://cn.bing.com/? mkt=zh-CN')
    #print(x.read())
    save = open('1.html','w')
    save.write(str(x.read()))
    save.close()
except Exception as e:
    print(str(e))
```

这样便可以将网页保存为 HTML 文件，如网页打开时读取失败，则通过 Exception 捕获异常。

▶▶ 2.1.3 构造请求对象 Requests

这里目标网址为 https://www.12345.com/，可以通过 Request 模仿浏览器，这样能避免一些简单的反爬措施，这也是最初级的伪装。伪装浏览器去获取数据，大多数网站都有反爬措施，一旦触发，就不能爬取数据了。Request 的基本使用如下所示。

```
import urllib.request
request = urllib.request.Request("https://cn.bing.com/? mkt=zh-CN")
```

```
response=urllib.request.urlopen(request)
print(response.read().decode('utf-8'))
```

代码解释如下。

1）第一行导入模块。

2）第二行用 Request 构造 Requests 对象类。

3）第三行用 urlopen 打开网址。

4）第四行用 read 打印内容，编码方式为 utf-8。

▶▶ 2.1.4　添加请求头

接下来讲解一个重要的步骤：添加请求头。请求头的作用是模拟浏览器去爬取内容，构造请求头的基本格式为：headers = {' User-Agent ':'请求头'}，读者可能会问：到哪里去找请求头？随便在一个网页上单击鼠标右键，在弹出的快捷菜单中选择"检查"命令，如图 2-3 所示。

● 图 2-3　网页检查

接着选择：网络（network），按 F5 键刷新以获取数据。这里先来简单解析一下标头里面的一些重要内容，如图 2-4 所示。

● 图 2-4　标头里面的重要内容

多打开几个文件看一下，因为有些文件打开后没有 cookie，有 cookie 的文件如图 2-5 所示。

读者必须知道标头中一些简单的属性：

1）请求网址：当前打开的网页。

● 图 2-5　有 cookie 的文件

2）代码方法：200 OK，表示请求打开网址成功。

3）cookie：用于用户身份识别。

4）User-Agent：用户代理。

单击"网络"选项查看，如图 2-6 所示。

● 图 2-6　单击演示

从图 2-6 可以看到下半部分左侧有很多文件，随便单击一个，选择"标头"，再往下翻会看到 "User-Agent"，这就是请求头。将它复制出来，这样的请求头可以重复使用，以免重新去获取。现在来给上面的代码添加请求头，以获取知乎热榜的代码，案例代码如下。

```python
from urllib import request
url='https://www.zhihu.com/hot/'
headers={'User-Agent':'Mozilla/5.0 (Windows NT 10.0; Win64; x64) AppleWebKit/537.36 (KHTML,
like Gecko) Chrome/99.0.4844.51 Safari/537.36'}
req=request.Request(url=url,headers=headers)
response=request.urlopen(req)
print(response.read().decode('utf-8'))
```

继续在请求头中添加 cookie，这样便于身份识别。每一个用户登录一个网站都有对应的 cookie，以某网为例：

```
import urllib
import urllib.request
url = 'http://www.qq.com/'
headers = {'User-Agent':'Mozilla/5.0 (Windows NT 10.0; Win64; x64) AppleWebKit/537.36
(KHTML, like Gecko) Chrome/74.0.3729.131 Safari/537.36',
        'Connection':'keep-alive',
        'Accept-Encoding':'',
        'Cookie':'pgv_pvid=3023867599; pgv_info=ssid=s6293802424; vversion_name=8.2.95;
o_cookie=2835809579; pac_uid=1_2835809579; qqmusic_fromtag=6; qqmusic_key=@qPXG5maiL;
qqmusic_uin=2835809579; video_omgid=2e0524280601cf27; iip=0;
open_id=48235281C4CFC549780106C009B9FF5C; user_id=null; session_id=null;
tvfe_boss_uuid=eeebb546d002d01a; RK=yXtAY9Eh+E;
ptcz=43e2b3d533ac0664ef760221337c992d5b8970f6153b0f46d8e9cd64381dcac3;
midas_openid=EA244049F016CBEBE664440C35C331E9;
midas_openkey=C17949CA1BD62A62E806C8A3B3B023BE;
rv2=80234BAF0EB1B2DB0385AFF90979F744F1957930D7553B4377;
property20=10A3DC12B035949600A2B87857F33BE86BB9FCADD6DA3B1A7D02EE1A29275D50F9402
CE59A8A0F21; _tc_unionid=5013c9cb-0a86-484b-ac14-9f2e0cb295ef; fqm_pvqid=52695aec-a747-4519-
9f0d-ff553fbdea07; fqm_sessionid=63bbaed3-7eef-47b6-947a-21f5aa8f5bb9; pt_sms_phone=152******90;
ptui_loginuin=1015491246; uin=o2835809579; skey=@Y0dQfj0FJ'
        }
request = urllib.request.Request(url=url,headers=headers)
#发起请求
response = urllib.request.urlopen(request)
#用 read()方法读取文件里的全部内容,返回字符串
html = response.read().decode('gbk')
# 返回 HTTP 的响应码,返回 200 表示成功
print(response.getcode())
# 返回数据的实际 URL,防止重定向问题
print(response.geturl())
# 返回服务器响应的 HTTP 标头
print(response.info())
#打印响应,返回内容
print(html)
```

▶▶ 2.1.5　SSL 认证

有 SSL 认证的网址一般是安全的，如果没有 SSL 证书，则会显示"你的链接不是私有链接"，并且会在左上角表明不安全。大部分正常的网站是有这个证书的，如果遇到没有 SSL 证书的网站，就会使用该方法了。以某网站为例，通过添加 SSL 忽略警告而继续访问，案例代码如下。

```
import urllib
import urllib.request
#对 ssl 进行设置,忽略警告,继续进行访问
import ssl
ssl._create_default_https_context = ssl._create_unverified_context
```

```
url = 'https://www.12306.cn/mormhweb/'
response = urllib.request.urlopen(url=url)
print(response.read().decode('utf-8'))
```

运行代码及获取的代码如图 2-7 所示。

```
url = 'https://www.12306.cn/mormhweb/'
response = urllib.request.urlopen(url=url)
print(response.read().decode('utf-8'))

<!DOCTYPE html>
<html lang="zh-CN">

<head>
  <meta charset="utf-8">
  <meta http-equiv="X-UA-Compatible" content="IE=edge,chrome=1">
  <title>中国铁路12306</title>
  <script>
    window.startTime = new Date().getTime(); //"window.onload外开始时间:",window.startTime
  </script>
  <link rel="shortcut icon" href="images/favicon.ico" type="image/x-icon" />
  <!-- <link href="./css/index.css" rel="stylesheet">
  <link href="./css/global.css" rel="stylesheet">
  <link href="./css/public.css" rel="stylesheet">-->
  <link href="./fonts/iconfont.css" rel="stylesheet">
  <!-- 日期城市控件 -->
  <!-- <link href="./css/common/calendarNew.css" rel="stylesheet">
  <link href="./css/common/table.css" rel="stylesheet">
  <link href="./css/common/station.css" rel="stylesheet">
```

图 2-7　代码获取

这里也可以强制 https 认证（使用 Requests 请求），案例代码如下。

```
import requests
#urllib3 官方强制认证 https 安全证书,用于解决警告
import urllib3
urllib3.disable_warnings()
url = 'https://www.12306.cn/mormhweb/'
#requests 操作起来简单,False 表示不要进行认证
response = requests.get(url=url,verify = False)
#设置返回编码方式
response.encoding = 'utf-8'
print(response.text)
```

2.2 万能视频下载

这里介绍一下 you-get 模块，它能下载大量的视频和音频，这里只进行简单介绍，不做案例讲解，具体可以参考官方文档 https://you-get.org/。需要注意的是，该模块需要在 pycharm 中使用（读者需要自行下载安装）。模块命令安装：pip install you-get。

```
import sys
from you_get import common as you-get#  导入 you-get 库
#  设置下载目录
directory=r'mp4\\'
#  设置要下载的视频地址
url='视频链接'
```

```
sys.argv=['you-get','-o',directory,'--format=flv',url]
you-get.main()
```

只需要修改 url，即可下载该视频网址的视频，介绍本模块的目的是增加读者对爬虫的认知。

2.3 Requests 中 get 的使用

Python 的 Requests 模块有几个内置方法，可以使用 get、post、put、patch 或 head 请求向指定的 URI 发出 Http 请求。Http 请求旨在从指定的 URI 检索数据或将数据推送到服务器。它作为客户端和服务器之间的请求-响应协议进行工作。

urllib 实际使用得并不多，但是 Requests 则用得很多，因为它速度快，所以需要花更多的篇幅介绍。本节主要介绍其中的 get 方法，它用于从服务器请求数据。模块安装命令：pip install requests。

▶▶ 2.3.1 Requests 基础：代码获取

可以像 urllib 一样，使用 Requests 对网站进行请求和数据获取，以某网站为例：https://cn.bing.com/? mkt=zh-CN

如果要请求它并获取到代码，则代码如下所示。

```
import requests
r = requests.get('https://cn.bing.com/? mkt=zh-CN')
print(r.text)
```

比 urllib 简化很多，运行代码及获取的代码如图 2-8 所示。

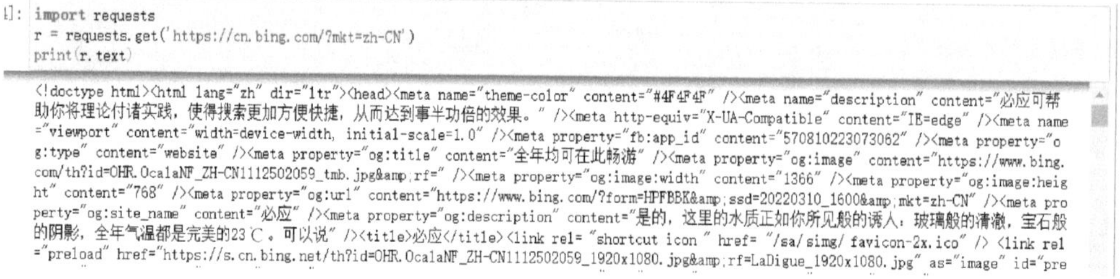

● 图 2-8　代码获取

继续使用 Requests 获取一些状态信息，status_code 方法可以获取到请求结果的状态，text 方法以文本形式获取代码，以笔者的个人博客为例，案例代码如下。

```
import requests
u=requests.get('https://blog.csdn.net/weixin_46211269')
print(u.status_code)#打印状态码
print(u.text)#打印文本
```

代码运行结果如图 2-9 所示。

```
: import requests
  u=requests.get('https://mp.csdn.net/mp_blog/manage/article')
  print(u.status_code)#打印状态码
  print(u.text)#打印文本

200
<!DOCTYPE html><html><head><meta charset="utf-8"><meta http-equiv="X-UA-Compatible" content="IE=edge"><meta name="viewport" content="widt
=device-width, initial-scale=1"><meta name="report" content=' {"spm" :"1011.2124" }'><script src="https://g.csdnimg.cn/lib/jquery/1.12.4/jc
ery.min.js"></script><script src="https://g.csdnimg.cn/user-login/3.0.0/user-login.js"></script><script src="https://g.csdnimg.cn/common/
sdn-report/report.js"></script><script src="https://g.csdnimg.cn/lib/qrcode/1.0.0/qrcode.min.js"></script><link rel="stylesheet" href="ht
ps://g.csdnimg.cn/lib/social-share/1.0.1/css/share.min.css"><link href="https://g.csdnimg.cn/static/logo/favicon32.ico" rel="SHORTCUT
    ICON"><title>CSDN</title><link href="https://csdnimg.cn/release/mp_new/css/app.d351762e.css" rel="preload" as="style"><link href="ht
tps://csdnimg.cn/release/mp_new/css/chunk-vendors.cf27d676.css" rel="preload" as="style"><link href="https://csdnimg.cn/release/mp_new/js/
app.bcd77149.js" rel="preload" as="script"><link href="https://csdnimg.cn/release/mp_new/js/chunk-vendors.1cc7b49b.js" rel="preload" as="s
cript"><link href="https://csdnimg.cn/release/mp_new/css/chunk-vendors.cf27d676.css" rel="stylesheet"><link href="https://csdnimg.cn/rele
se/mp_new/css/app.d351762e.css" rel="stylesheet"></head><body><script>!(function(c,b,d,a){c[a]||(c[a]=0);c[a].config=[pid:dyiaei5ihw@bl
6434a57fc89a",appType:"web",imgUrl:"https://arms-retcode.aliyuncs.com/r.png?",sendResource:true,enableLinkTrace:true,behavior:true,enable
PA:true};
       with(b)with(body)with(insertBefore(createElement("script"),firstChild))setAttribute("crossorigin","",src=d)
       })(window,document,"https://retcode.alicdn.com/retcode/b1.js","__b1");</script><noscript><strong>We're sorry but main doesn't work
roperly without JavaScript enabled. Please enable it to continue.</strong></noscript><div id="app"></div><script src="https://csdnimg.cn/
release/mp_new/js/chunk-vendors.1cc7b49b.js"></script><script src="https://csdnimg.cn/release/mp_new/js/app.bcd77149.js"></script></body>
html>
```

● 图 2-9　代码运行结果

▶▶ 2.3.2　Requests 基础：构建请求

首先构建一个简单的 get 请求，请求的链接为 http：//httpbin.org/get。该网站会判断如果客户端发起的是 get 请求，它会返回相应的请求信息，案例代码如下。

```
import requests
r = requests.get('http://httpbin.org/get')
print(r.text)
```

代码运行结果如图 2-10 所示。

```
print(r.text)

{
  "args": {},
  "headers": {
    "Accept": "*/*",
    "Accept-Encoding": "gzip, deflate, br",
    "Host": "httpbin.org",
    "User-Agent": "python-requests/2.27.1",
    "X-Amzn-Trace-Id": "Root=1-622b0fc0-3f6b726f5c311c7f47172f05"
  },
  "origin": "183.192.95.118",
  "url": "http://httpbin.org/get"
}
```

● 图 2-10　代码运行结果

返回的部分参数说明如下。

1）origin：个人 IP。

2）url：读者请求的网址。

▶▶ 2.3.3　获取 cookie

cookie 是指某些网站服务器为了辨别用户身份，而存储在用户浏览器上的文本文件，它可以保持登录信息到用户下次与服务器的会话。HTTP 是无状态面向连接的协议，为了保持连接状态，引入了 cookie 机制，cookie 是 http 消息头中的一种属性。

cookie 属性（前两个是必须）如下。

1）cookie 的名字：Name。

2）cookie 的值：Value。

3）cookie 的过期时间：Expires/Max-Age。

4）cookie 作用路径：Path。

5）cookie 所在域名：Domain。

6）使用 cookie 进行安全连接：Secure。

在前面讲过如何手动获取 cookie，下面介绍如何用代码获取，以某网站为例，案例代码如下。

```
import requests
headers={
  'User-Agent':'Mozilla/5.0 (Windows NT 6.1; WOW64) AppleWebKit/537.36 (KHTML, like Gecko)
Chrome/39.0.2171.71 Safari/537.36'
}
url='https://www.csdn.net/? spm=1011.2124.3001.5359'
r=requests.get(url=url,headers=headers)
cookiejar = r.cookies
cookiedict = requests.utils.dict_from_cookiejar(cookiejar)
print (cookiejar)
print(cookiedict)
```

运行输出如下所示。

```
<RequestscookieJar[<cookie dc_session_id=10_1658123733913.375392 for.csdn.net/>, <cookie
uuid_tt_dd=10_23623836820-1658123733913-302682 for.csdn.net/>, <cookie csrfToken=-cOL5RP
lilcud0BQbeS8ewUu for www.csdn.net/>]>
{'dc_session_id':'10_1658123733913.375392', 'uuid_tt_dd': '10_23623836820-1658123733913-
302682', 'csrfToken': '-cOL5RPlilcud0BQbeS8ewUu'}
```

▶▶ 2.3.4　添加请求头

requests 也是很有必要添加请求头的，下面演示如何获取请求头。

1）使用鼠标右键单击网页任意位置，从弹出的快捷菜单栏中选择"检查"命令，如图 2-11 所示。

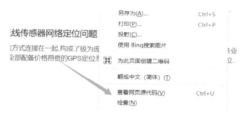

● 图 2-11　"检查"命令

2）在弹出的对话框中选择"网络"选项，按 F5 键刷新一下，刷新结果如图 2-12 所示。

● 图 2-12 刷新结果

3）随机单击左侧文件，查看"标头"，查找 user_agent，将它复制并添加到下一案例的 headers 中，如图 2-13 所示。

● 图 2-13 查看"标头"

下面以某网站为例，目标网址为 https://www.zhihu.com/explore，如果不添加请求头，案例代码如下。

```
import requests
r = requests.get("https://www.zhihu.com/explore")
print(r.text)
```

运行后返回 403 Forbidden，这表明被反爬了，如图 2-14 所示。

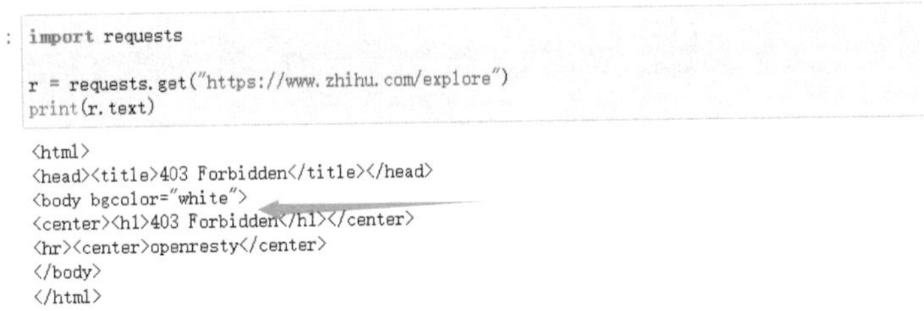

```
import requests
r = requests.get("https://www.zhihu.com/explore")
print(r.text)

<html>
<head><title>403 Forbidden</title></head>
<body bgcolor="white">
<center><h1>403 Forbidden</h1></center>
<hr><center>openresty</center>
</body>
</html>
```

● 图 2-14 被反爬

将上面复制的请求头添加到 headers 中，注意书写格式，案例代码如下。

```
import requests
headers = {'User-Agent': 'Mozilla/5.0 (Macintosh; Intel Mac OS X 10_11_4) AppleWebKit/537.36
(KHTML, like Gecko) Chrome/52.0.2743.116 Safari/537.36'
}
r = requests.get("https://www.zhihu.com/explore", headers=headers)
print(r.text)
```

运行后返回，可以看到能够获取代码了，所以添加请求头很重要，运行结果如图 2-15 所示。

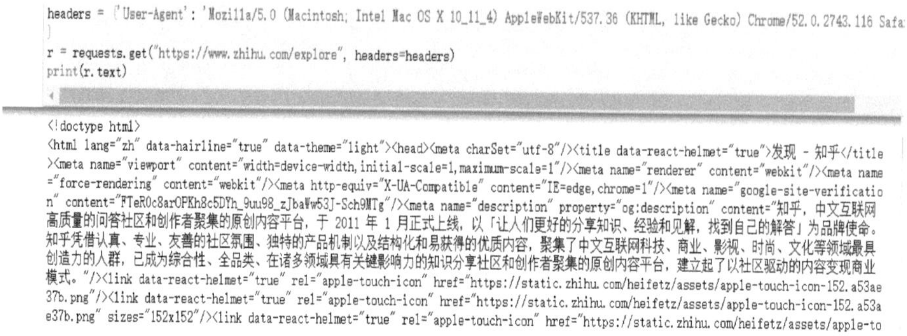

● 图 2-15 添加请求头后可打印代码

2.3.5 二进制数据获取

下面以某站点图标为例来讲解二进制数据获取，案例代码如下。

```
import requests
r = requests.get("https://github.com/favicon.ico")
print(r.text)
print(r.content)
```

这里打印了 Response 对象的两个属性，一个是 text，另一个是 content。运行结果如图 2-16 所示。

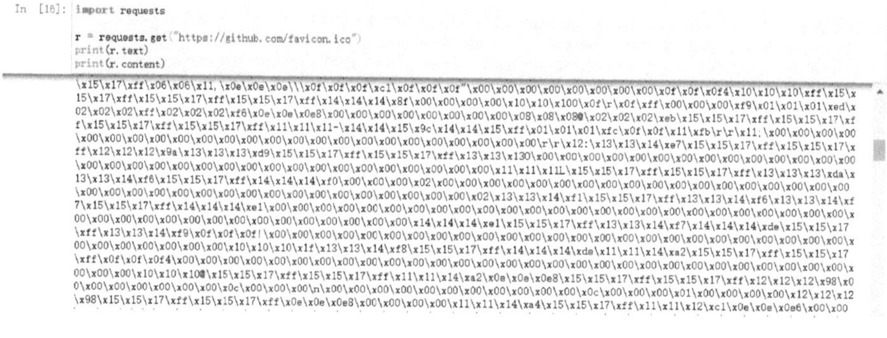

● 图 2-16 图片为二进制数据

读者可以打印，从输出结果中可以看到，前者出现了乱码，后者输出结果前带有一个字母 b，这代表是 bytes 类型的数据。由于图片是二进制数据，所以用 text 属性在打印时转换为 str 类型，也就是图片直接转换为字符串，所以就会出现乱码。接着将提取到的图片保存到本地：

```
import requests
r = requests.get("https://github.com/favicon.ico")
with open('favicon.ico', 'wb') as f:
    f.write(r.content)
```

运行完成后即可保存，如果发生报错，比如"由于连接方在一段时间后没有正确答复或连接的主机没有反应，连接尝试失败"，这也没关系，此处只是一个简单的演示，掌握基本方法即可。下面来抓取笔者个人博客的头像并进行保存，分析如图 2-17 所示。

● 图 2-17　网页分析

img 标签中的 src 就是图片链接，案例代码如下：

```
import requests
headers={
  'User-Agent':'Mozilla/5.0 (X11; Linux x86_64) AppleWebKit/537.11 (KHTML, like Gecko)
Chrome/23.0.1271.64 Safari/537.11',
}
url='https://avatar.csdnimg.cn/9/1/6/1_weixin_46211269_1629324723.jpg'
r = requests.get(url=url,headers=headers)
with open('photo.jpg', 'wb') as f:
    f.write(r.content)
```

注意：二进制图片保存时，open 函数使用 wb 参数。

2.4　Requests 中 post 的使用

前面了解了基本的 GET 请求，另外一种比较常见的请求方式是 POST，POST 请求的作用是将要处理的数据提交给服务器。

它的优点如下。

1）比 GET 更安全。

2）可以上传的数据更大，可以使用 POST 发送文本数据和二进制数据。

它的缺点如下。

1）POST 请求不会被缓存。

2）POST 请求不会保留在浏览器历史记录中。

3）POST 方法发送的数据在 URL 中不可见，因此无法为特定查询的页面添加书签。

下面对 POST 请求做详细介绍。

▶▶ 2.4.1　提交数据表单

使用 Requests 实现 post 请求同样非常简单，示例代码如下。

```
import requests
data = {'name':'chuanchuan', 'age':'22'}
r = requests.post("http://httpbin.org/post", data=data)
print(r.text)
```

这里还是请求 http：//httpbin.org/post，该网站可以判断如果请求是 POST 方式，就会将相关请求信息返回。运行结果如图 2-18 所示。

```
{
  "args": {},
  "data": "",
  "files": {},
  "form": {
    "age": "22",
    "name": "chuanchuan"
  },
  "headers": {
    "Accept": "*/*",
    "Accept-Encoding": "gzip, deflate, br",
    "Content-Length": "22",
    "Content-Type": "application/x-www-form-urlencoded",
    "Host": "httpbin.org",
    "User-Agent": "python-requests/2.27.1",
    "X-Amzn-Trace-Id": "Root=1-622b1f01-17ff4f25027d8a4f0435ef5f"
  },
  "json": null,
  "origin": "183.192.95.118",
  "url": "http://httpbin.org/post"
}
```

• 图 2-18　运 行 结 果

可以发现成功获得了返回结果，其中 form 部分就是提交的数据，这就证明 POST 请求成功发送了。

▶▶ 2.4.2　添加请求头

只需要添加 headers 部分即可，格式是固定的，案例代码如下。

```
import requests
import json
host = "http://httpbin.org/"
```

```
endpoint = "post"
url = "".join([host,endpoint])
headers = {"User-Agent":"Mozilla/5.0 (X11; Linux x86_64) AppleWebKit/537.11 (KHTML, like
Gecko) Chrome/23.0.1271.64 Safari/537.11"}
r = requests.post(url,headers=headers)
print(r.text)
```

运行结果如图 2-19 所示。

```
{
    "args": {},
    "data": "",
    "files": {},
    "form": {},
    "headers": {
        "Accept": "*/*",
        "Accept-Encoding": "gzip, deflate, br",
        "Content-Length": "0",
        "Host": "httpbin.org",
        "User-Agent": "Mozilla/5.0 (X11; Linux x86_64) AppleWebKit/537.11 (KHTML, like Gecko) Chrome/23.0.1271.64 Safari/537.11",
        "X-Amzn-Trace-Id": "Root=1-622b1f8c-29b9656625a00e5472f8960a"
    },
    "json": null,
    "origin": "183.192.95.118",
    "url": "http://httpbin.org/post"
}
```

● 图 2-19 运行结果

可以看到 User-Agent 部分为添加的自定义请求头。

▶▶ 2.4.3 提交 json

假设想提交 json 格式的内容，案例代码如下。

```
import requests
import json
host = "http://httpbin.org/"
endpoint = "post"

url = "".join([host,endpoint])
data = {
  "sites":[
      { "name":"chuanchuan",
"url":"https://blog.csdn.net/weixin_46211269? spm=1000.2115.3001.5343" },
      { "name":"zhangsan",
"url":"https://blog.csdn.net/weixin_46211269/article/details/120703631? spm=1001.2014.
3001.5501" },
      { "name":"weibo",
"url":"https://blog.csdn.net/weixin_46211269/article/details/120659923? spm=1001.2014.
3001.5501" }
    ]
}
r = requests.post(url,json=data)
response = r.json()
print(response)
```

运行结果如图 2-20 所示。

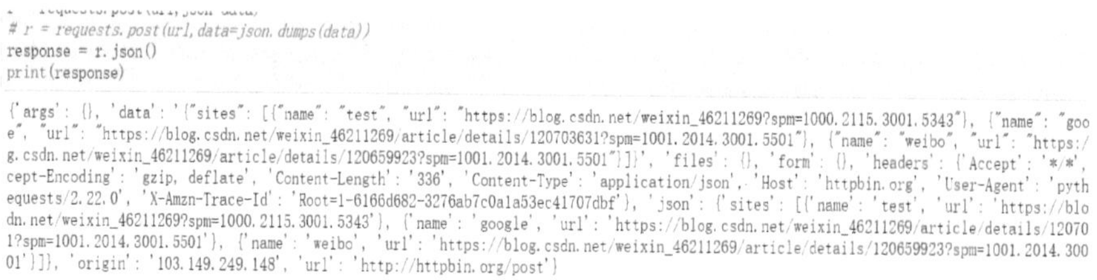

# r = requests.post(url, data=json.dumps(data))
response = r.json()
print(response)
{'args': {}, 'data': '{"sites": [{"name": "test", "url": "https://blog.csdn.net/weixin_46211269?spm=1000.2115.3001.5343"}, {"name": "goo
e", "url": "https://blog.csdn.net/weixin_46211269/article/details/120703631?spm=1001.2014.3001.5501"}, {"name": "weibo", "url": "https:/
g.csdn.net/weixin_46211269/article/details/120659923?spm=1001.2014.3001.5501"}]}', 'files': {}, 'form': {}, 'headers': {'Accept': '*/*',
cept-Encoding': 'gzip, deflate', 'Content-Length': '336', 'Content-Type': 'application/json', 'Host': 'httpbin.org', 'User-Agent': 'pyth
equests/2.22.0', 'X-Amzn-Trace-Id': 'Root=1-6166d682-3276ab7c0a1a53ec41707dbf'}, 'json': {'sites': [{'name': 'test', 'url': 'https://blo
dn.net/weixin_46211269?spm=1000.2115.3001.5343'}, {'name': 'google', 'url': 'https://blog.csdn.net/weixin_46211269/article/details/12070
1?spm=1001.2014.3001.5501'}, {'name': 'weibo', 'url': 'https://blog.csdn.net/weixin_46211269/article/details/120659923?spm=1001.2014.300
01'}]}, 'origin': '103.149.249.148', 'url': 'http://httpbin.org/post'}

图 2-20 运行结果

2.4.4 普通文件上传

如果想提交文件到 http：//httpbin.org/网址中，案例代码如下。

```
import requests
import json
host = "http://httpbin.org/"
endpoint = "post"
url = ".join([host,endpoint])"
#普通上传
files = {
  'file':open('test.txt','rb')
}
r = requests.post(url,files=files)
print (r.text)
```

此处不要忘了定义一个 test.txt 文件，如图 2-21 所示。

文件
运行
集群
选择操作对象.
上传
新建
0
模特
未命名.ipynb
favicon.ico
phpto.jpg
Notebook:
Python 3
Other:
文本文件
文件夹
终端
kB
kB
kB

图 2-21 创建文本文件

填入内容为：hello，Python，如图 2-22 所示进行保存。

文件
编辑
查看
语言
新建
保存
重命名
下载

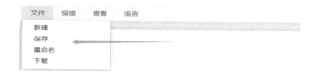

图 2-22 保存

选中文件进行重命名，如图 2-23 所示。

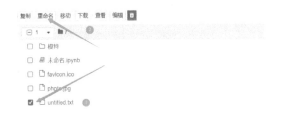

● 图 2-23 文件重命名

文件重命名为 "test.txt"，如图 2-24 所示。

● 图 2-24 确定重命名

运行结果如图 2-25 所示。

```
{
  "args": 0,
  "data": "",
  "files": {
    "file": "hello ,python"
  },
  "form": 0,
  "headers": {
    "Accept": "*/*",
    "Accept-Encoding": "gzip, deflate, br",
    "Content-Length": "157",
    "Content-Type": "multipart/form-data, boundary=c8f77ddb45f1cfd74c362e225690f7e5",
    "Host": "httpbin.org",
    "User-Agent": "python-requests/2.27.1",
    "X-Amzn-Trace-Id": "Root=1-622b2093-257d096566e5772e7d5ea228"
  },
  "json": null,
  "origin": "183.192.95.118",
  "url": "http://httpbin.org/post"
}
```

● 图 2-25 运行结果

可以看到 txt 内容已经上传成功。

2.5 Requests 进阶

Requests 模块除了请求上传数据以外，还能对网页进行解析，对于特定条件还可以添加代理等。下面对这些常用方法进行介绍。

▶▶ 2.5.1　URLError 和 HTTPError

URLError 一般可能有以下几种情况。

1）没有网络连接。

2）服务器连接失败。

3）找不到指定的服务器。

4）try except 捕获异常。

这里以某网站为例：

```
import urllib
import urllib.request
url = 'https://www.12306.cn/index/'
try:
    response = urllib.request.urlopen(url=url,timeout=5)
    print(response.read().decode('utf-8'))
except Exception as err:
    print(err)
```

运行结果如图 2-26 所示。

```
<!DOCTYPE html>
<html lang="zh-CN">

<head>
  <meta charset="utf-8">
  <meta http-equiv="X-UA-Compatible" content="IE=edge,chrome=1">
  <title>中国铁路12306</title>
  <script>
    window.startTime = new Date().getTime(); //"window.onload外开始时间:",window.startTime
  </script>
  <link rel="shortcut icon" href="images/favicon.ico" type="image/x-icon" />
  <!-- <link href="./css/index.css" rel="stylesheet">
  <link href="./css/global.css" rel="stylesheet">
  <link href="./css/public.css" rel="stylesheet">-->
  <link href="./fonts/iconfont.css" rel="stylesheet">
  <!-- 日期城市控件 -->
  <!-- <link href="./css/common/calendarNew.css" rel="stylesheet">
  <link href="./css/common/table.css" rel="stylesheet">
  <link href="./css/common/station.css" rel="stylesheet">
```

● 图 2-26　运行结果

　　添加异常捕获，能够让程序更加"健壮"，不易崩溃。如果出现错误，会返回一个错误状态，比如网站设置错，返回为<urlopen error〔Errno 11001〕getaddrinfo failed>。关于 HTTPError，还有其他返回状态码信息，读者可以自行查询相关资料进行学习，这里就不逐一列出了。

▶▶ 2.5.2　Fiddler 的下载与简单使用

　　Fiddler 的下载网址为 https://www.telerik.com/download/fiddler，填写信息后单击 Download for Windows按钮进行下载，如图 2-27 所示。

　　单击"Download for Windows"按钮下载后，会跳转到图 2-28 所示的界面，如果单击后没有开始下载，则单击图中的"Click here"重新下载。

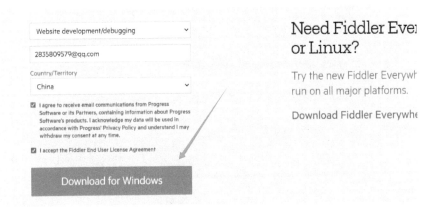

● 图 2-27　Windows 版本的 Fiddler 下载

● 图 2-28　单击下载

文件下载完成后，双击打开，在弹出的对话框中单击"I Agree"按钮，如图 2-29 所示。

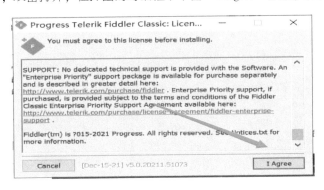

● 图 2-29　单击"I Agree"按钮

选择一个安装路径，并单击"Install"按钮开始安装，如图 2-30 所示。

安装完成后，单击"Close"按钮，如图 2-31 所示。

单击计算机桌面左下角的"开始"按钮，找到安装好的软件并拖动到桌面，双击打开后的界面如图 2-32 所示。

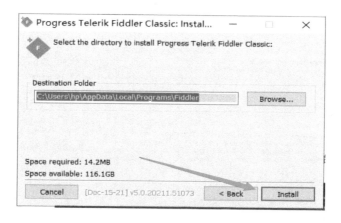

● 图 2-30　路径选择

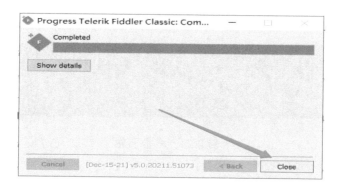

● 图 2-31　安装完成

● 图 2-32　软件界面

可能会提示安装证书，单击"Yes"按钮即可，如图 2-33 所示。

● 图 2-33 单击 "Yes" 按钮

单击标题栏的关闭图标按钮，弹出的下拉菜单如图 2-34 所示。

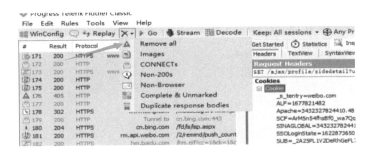

● 图 2-34 单击关闭图标按钮

单击 "Remove all" 命令会将左侧的内容全部清除，该软件不仅免费，还可以实时监测浏览的网页。如果只想监测个人微博网页，就需要先清除请求记录，再打开个人微博。回到软件中，即可找到自己的微博，如图 2-35 所示。

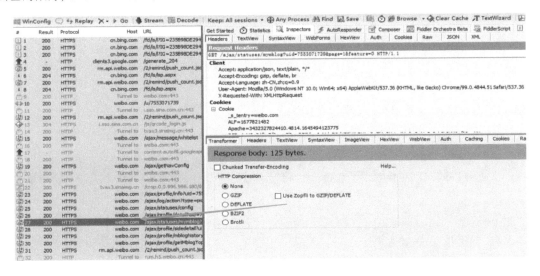

● 图 2-35 查找目标

单击左侧的链接就可以看到右边获取到的信息。首先是 headers，往下拉就可以看到 Cookies，如图 2-36 所示。这也是获取 Cookies 的一种方式，因为手动不一定能获取到 Cookies，用该软件则能轻松获取。

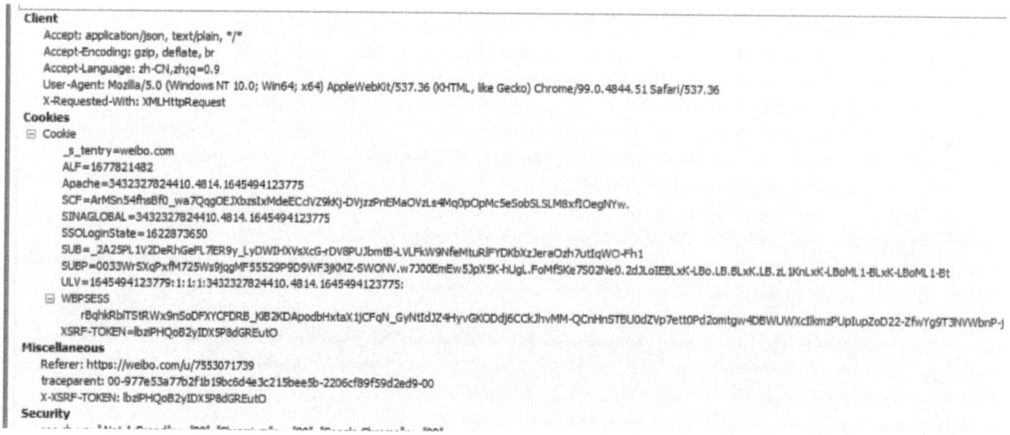

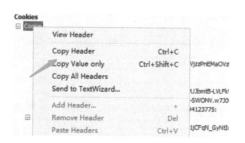

● 图 2-36 Cookies

右击（单击鼠标右键）"Cookies"，从弹出的快捷菜单中选择"Copy Header"命令即可复制，如图 2-37 所示。

● 图 2-37 复制

建议使用英文版，也可以自行安装汉化插件。

▶▶ 2.5.3 登录网站

在前文使用 Fiddler 软件获取到了 Cookies，将它添加到请求头中，模拟登录个人微博，案例代码如下。

```python
import urllib
import urllib.request

#微博个人主页
```

url = 'https://weibo.com/u/7553071739'

#使用 get 请求访问这个数据。读者要使用自己的 Cookies。

headers = {

　　'User-Agent':'Mozilla/5.0 (Windows NT 10.0; Win64; x64; rv:71.0) Gecko/20100101 Fire-fox/71.0',

　　'Cookie':'SSOLoginState=1622873650; XSRF-TOKEN=lbziPHQoB2yIDX5P8dGREutO;

Apache=3432327824410.4814.1645494123775; _s_tentry=weibo.com;

SINAGLOBAL=3432327824410.4814.1645494123775;

ULV=1645494123779:1:1:1:3432327824410.4814.1645494123775:;

SCF=ArMSn54fhsBf0_wa7QqgOEJXbzsIxMdeECclVZ9kKj-

DVjzzPnEMaOVzLs4Mq0pOpMc5eSobSLSLM8xfIOegNYw.;

SUB=_2A25PL1V2DeRhGeFL7lER9y_LyDWIHXVsXcG-rDV8PUJbmtB-

LVLFkW9NfeMtuRlFYDKbXzJeraOzh7utIqWO-Fh1;

SUBP=0033WrSXqPxfM725Ws9jqgMF55529P9D9WF3jKMZ-SWONV.w7J00EmEw5JpX5K-

hUgL.FoMfSKe7S02Ne0.2dJLoIEBLxK-LBo.LB.BLxK.LB.zL1KnLxK-LBoML1-BLxK-LBoML1-Bt;

ALF=1677821482;

WBPSESS=rBqhkRbiTStRWx9nSoDFXYCFDRB_KiB2KDApodbHxtaX1jCFqN_GyNtIdJZ4HyvGKODdj6

CCkJhvMM-QCnHnSTBU0dZVp7ett0Pd2omtgw4DBWUWXcIlkmzPUpIupZoD22-ZfwYg9T3NVWbnP-

jIWQ=='}

　　#模仿浏览器获取数据

　　request = urllib.request.Request(url=url,headers=headers)

　　#发起一个请求

　　response = urllib.request.urlopen(request)

　　print(response.read().decode('utf-8'))

运行结果如图 2-38 所示。

el=stylesheet><link hrel='//h5.sinaimg.cn/m/weibo-pro/css/app.0a11de3b.css rel=stylesheet></head><body><script>window.$VERSION = {
　　CLIENT: 'v2.32.0',
　　SERVER: 'v2022.03.11.1'

try{window.$CONFIG = {"showAriaEntrance":true,"enableAria":true,"enableSweibocom":true,"user":{"id":7553071739,"idstr":"755307173
9","pc_new":7,"screen_name":"幽默川川","profile_image_url":"https://tvax3.sinaimg.cn/crop.0.0.996.996.50/008f9UZJ1y8gmukmcpw8oj30r0Oromz5.
jpg?KID=imgbed,tva&Expires=1647007528&ssig=emFDVFCi1Q","profile_url":"/u/7553071739","verified":false,"verified_type":-1,"domain":"","weih
ao":"","avatar_large":"https://tvax3.sinaimg.cn/crop.0.0.996.996.180/008f9UZJ1y8gmukmcpw8oj30r0Oromz5.jpg?KID=imgbed,tva&Expires=164700752
8&ssig=d6%2BB1%2B%2FOAD","avatar_hd":"https://tvax3.sinaimg.cn/crop.0.0.996.996.1024/008f9UZJ1y8gmukmcpw8oj30r0Oromz5.jpg?KID=imgbed,tva&E
xpires=1647007528&ssig=LLHLV8N1M8","follow_me":false,"following":false,"mbrank":0,"mbtype":0,"planet_video":true,"description":"","locatio
n":"其他","gender":"m","followers_count":1,"followers_count_str":"1","friends_count":89,"statuses_count":89,"url":"","cover_image_phone":"h
ttp://ww1.sinaimg.cn/crop.0.0.640.640.640/549d0121twlegmlkj1y3j320hs0hsq4sf.jpg","type":1,"icon_list":[],"watermark":{"markpos":1,"nick":"幽
默川川"},"myfollowBatch":true},"uid":7553071739,"apmSampleRate":0.01,"isNormal":true,"flags":{"open_video_layer":1,"can_create_vote":fal
se,"comment_approval":false,"content_auth":-1,"can_modify_visible":false,"can_welcome_layer":1,"mcomment_bubble":0,"enable_new_viewer":fal
se,"dark_bubble":1,"settings":{"message":{"at_me":3,"comment":3,"in_like":2,"groupchat_notify_receive":2,"chat_group_notify":2}},"can_vide
o_vote":false},"loginHeader":{"poster":"https://a.sinaimg.cn/mintra/pic/2112130400/18weibo_login.png","src":"https://a.sinaimg.cn/mintra/p
ic/2112130543/weibo_login.mp4"}};}catch(e){window.$CONFIG = {}.}

　　const s = document.createElement('script');
　　s.src = 'http://i.sso.sina.com.cn/js/qrcode.js';
　　document.body.appendChild(s);</script><div id=app></div><script>try {
　　if (window.$CONFIG.enableAria) {
　　　const s = document.createElement('script').
　　　s.defer = true.
　　　s.src = '//a.sinaimg.cn/mintra/pic/2201111119/wza/aria.js?appid=dc65fe7d7d2aaf372b1ac9945ffbd093'.
　　　document.body.appendChild(s).
　　} catch (e) {}</script><script src=//h5.sinaimg.cn/m/weibo-pro/js/3rdparty.89d5f1eb.js></script><script src=//h5.sinaimg.cn/m/weibo-
pro/js/echarts.ad6d06ad.js></script><script src=//h5.sinaimg.cn/m/weibo-pro/js/woou1.008a2fb4.js></script><script src=//h5.sinaimg.cn/m/we

● 图 2-38　运行结果

如果能获取到数据，说明 Cookie 起到了至关重要的作用，在其他网站也可以进行模拟登录。Cookies 在爬虫方面典型的应用是判定注册用户是否已经登录网站，用户可能会得到提示，是否在下一次进入此网站时保留用户信息，以便简化登录手续。

2.5.4 代理设置

对于某些网站，测试代码时多请求几次，就能够正常获取内容。但是对于大规模且频繁的请求，网站可能会弹出验证码，或者跳转到登录认证页面，也可能会直接封禁客户端的 IP，导致永久无法访问。可以通过设置代理的方式来解决这个问题，这就需要用到 proxies 参数，案例代码如下。

```
import requests
proxies = {
    'https':'https://218.59.139.238:80',
    'http':'http://222.249.238.138:8080'
}
response=requests.get('https://cn.bing.com/? mkt=zh-CN', proxies=proxies)
print(response.text)
```

上述代码使用的代理 IP 可能已过有效期，请读者换成自己的有效代理 IP 试验一下（有免费的，也有付费的），比如 120.39.221.140：9001 含义是：IP 为 120.39.221.140，端口为 9001。

若代理需要使用 HTTP Basic Auth，语法为 http://user:password@host/，案例代码如下。

```
import requests
proxies = {'https':'http://user:password@10.10.1.10:3128/',}
requests.get('https://www.taobao.com', proxies=proxies)
```

除了基本的 HTTP 代理外，requests 还支持 SOCKS 协议的代理。首先需要安装 SOCKS 库，命令为：pip install socks，然后就可以使用 SOCKS 协议代理了，案例代码如下。

```
import requests
proxy ={"http": "socks5h://127.0.0.1:8080", "https": "socks5h://127.0.0.1:7890"}
url = "https://cn.bing.com/? mkt=zh-CN"
session = requests.session()
response = session.get(url, proxies=proxy,verify=False)
print(response.status_code)
print(response.text)
```

运行结果如图 2-39 所示。

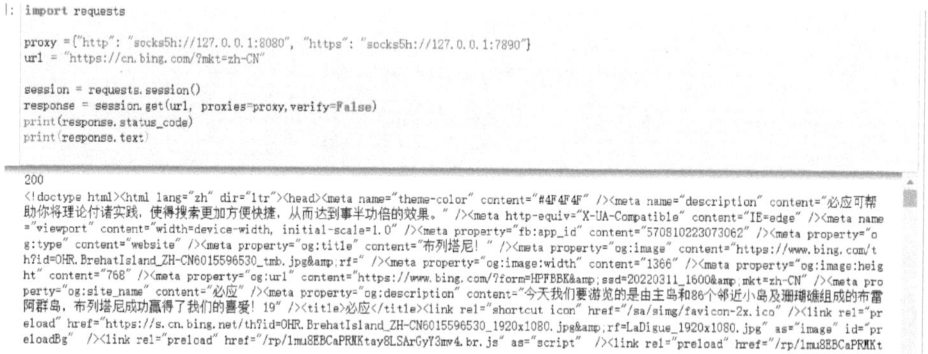

```
import requests

proxy ={"http": "socks5h://127.0.0.1:8080", "https": "socks5h://127.0.0.1:7890"}
url = "https://cn.bing.com/?mkt=zh-CN"

session = requests.session()
response = session.get(url, proxies=proxy,verify=False)
print(response.status_code)
print(response.text)

200
<!doctype html><html lang="zh" dir="ltr"><head><meta name="theme-color" content="#4F4F4F" /><meta name="description" content="必应可帮助你将理论付诸实践，使得搜索更加方便快捷，从而达到事半功倍的效果。" /><meta http-equiv="X-UA-Compatible" content="IE=edge" /><meta name="viewport" content="width=device-width, initial-scale=1.0" /><meta property="fb:app_id" content="570810223073062" /><meta property="og:type" content="website" /><meta property="og:title" content="布列塔尼！" /><meta property="og:image" content="https://www.bing.com/th?id=OHR.BrehatIsland_ZH-CN6015596530_tmb.jpg&amp;rf=" /><meta property="og:image:width" content="1366" /><meta property="og:image:height" content="768" /><meta property="og:url" content="https://www.bing.com/?form=HPFBBK&amp;ssd=20220311_1600&amp;mkt=zh-CN" /><meta property="og:site_name" content="必应" /><meta property="og:description" content="今天我们要游览的是由主岛和86个邻近小岛及珊瑚礁组成的布雷阿群岛，布列塔尼成功赢得了我们的喜爱！19" /><title>必应</title><link rel="shortcut icon" href="/sa/simg/favicon-2x.ico" /><link rel="preload" href="https://s.cn.bing.net/th?id=OHR.BrehatIsland_ZH-CN6015596530_1920x1080.jpg&amp;rf=LaDigue_1920x1080.jpg" as="image" id="preloadBg" /><link rel="preload" href="/rp/1mu8EBCaPRMKtay8LSArGyY3mv4.br.js" as="script" /><link rel="preload" href="/rp/1mu8EBCaPRMKt
```

图 2-39 运行结果

"verify=False" 的意思是不认证。在前文提到过，代理中 socks5h：//127.0.0.1：8080 固定开头是 socks5h。127.0.0.1：8080 的 IP 为 127.0.0.1，端口为 8080。

2.6 实战演练

经过前文基础知识的学习，下面来做一些实战案例，以加深和巩固知识。

▶▶ 2.6.1 获取某搜索的代码

目标网址为 https：//cn.bing.com/? mkt=zh-CN，由于只是一个搜索引擎，并没有什么反爬措施，直接请求打印 text 即可，案例代码如下。

```
import requests
url = 'https://cn.bing.com/? mkt=zh-CN'
r = requests.get(url)
print(r.text)
```

运行结果如图 2-40 所示。

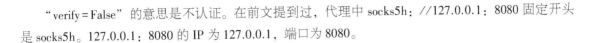

```
[1]: import requests
     url1 = 'https://cn.bing.com/?mkt=zh-CN'

     r = requests.get(url1)

     print(r.text)
```

<!doctype html><html lang="zh" dir="ltr"><head><meta name="theme-color" content="#4F4F4F" /><meta name="description" content="必应可帮助你将理论付诸实践，使得搜索更加方便快捷，从而达到事半功倍的效果。" /><meta http-equiv="X-UA-Compatible" content="IE=edge" /><meta name="viewport" content="width=device-width, initial-scale=1.0" /><meta property="fb:app_id" content="570810223073062" /><meta property="og:type" content="website" /><meta property="og:title" content="布列塔尼！" /><meta property="og:image" content="https://www.bing.com/th?id=OHR.BrehatIsland_ZH-CN6015596530_tmb.jpg&rf=" /><meta property="og:image:width" content="1366" /><meta property="og:image:height" content="768" /><meta property="og:url" content="https://www.bing.com/?form=HPFBBK&ssd=20220311_1600&mkt=zh-CN" /><meta property="og:site_name" content="必应" /><meta property="og:description" content="今天我们要游览的是由主岛和86个邻近小岛及珊瑚礁组成的布雷阿群岛，布列塔尼成功赢得了我们的喜爱！19" /><title>必应</title><link rel="shortcut icon" href="/sa/simg/favicon-2x.ico" /><link rel="preload" href="https://s.cn.bing.net/th?id=OHR.BrehatIsland_ZH-CN6015596530_1920x1080.jpg&rf=LaDigue_1920x1080.jpg" as="image" id="preloadBg" /><link rel="preload" href="/rp/1mu8EBCaPRMKtay8LSArGyY3mv4.br.js" as="script" /><link rel="preload" href="/rp/1mu8EBCaPRMKtay8LSArGyY3mv4.br.js" as="script" /><style type="text/css">@media(max-width:1237px){#id_n{white-space:nowrap;overflow:hidden;text-over

• 图 2-40 运行结果

▶▶ 2.6.2 下载图片到本地

任意找一张图片链接，完成图片下载，比如下面实现了将壁纸图片下载到本地：

```
import requests
src = 'https://cn.bing.com/images/search? view=detailV2&ccid=XQzISsWk&id=979B73C4E472CCA4C34-
C216CD0693FDC05421E1E&thid = OIP. XQzISsWklI6N2WY4wwyZSwHaHa&mediaurl = https% 3A% 2F% 2Ftse1-
mm. cn. bing. net% 2Fth% 2Fid% 2FR-C. 5d0cc84ac5a4948e8dd96638c30c994b% 3Frik% 3DHh5CBdw%
252fadBsIQ%26riu%3Dhttp%253a%252f%252fp2.music.126.net%252fPFVNR3tU9DCiIY71NdUDcQ%
253d%253d%252f109951165334518246.jpg%26ehk%3Do08VEDcuKybQIPsOGrNpQ2g1ID%252fIiEV7cw%
252bFo%252fzopiM%253d%26risl%3D1%26pid%3DImgRaw%26r%3D0&exph=1410&expw=1410&q=%
```

```
e5%bc%a0%e6%9d%b0&simid=608020541519853506&form=IRPRST&ck=68F7B9052016D84898D3E330-
A6F4BC38&selectedindex=2&ajaxhist=0&ajaxserp=0&vt=0&sim=11'
r = requests.get(src)
with open('bizhi.jpg', 'wb') as f:
    f.write(r.content)
print('下载完成')
```

▶▶ 2.6.3　下载视频到本地

方法跟下载图片一样，下面的代码实现了将视频下载到本地。

```
import requests
src='https://apd-36ae3724d7c0b6835e09d09afc998cfa.v.smtcdns.com/om.tc.qq.com/Amu-xLH92Fdz3C-
7PsjutQi_lMKUzCnkiicBjZ69cAqk/uwMROfz2r55oIaQXGdGnC2dePkfe0TtOFg8QaGVhJ2MPCPEj/svp_50001/
szg_9711_50001_0bf26aabmaaaqyaarhnfdnqfd4gdc3yaafsa.f632.mp4? sdtfrom=v1010&guid=442be
bcff8ab31b452c4a64140cd7f3a&vkey = 762D67379522C89E3A76A0759F02B2905311E3FE385B3EC351
571A1F2D5A0A6A58D5744F68F9C668211191507472C84F4D2B7D147B7F1BB833B04D6E0CC3945CA361CF9E
63E01C277F08CD3D69B288562D33EB7EB83861585CB549B2D4EE38E50CA732275EE0B5ECD680378B2DBEBB
0DBEE5B100998B1A83694140CF8588CABD91EB22B4369D5940'
r = requests.get(src,verify=False)
with open('movie.mp4', 'wb') as f:
    f.write(r.content)
print('下载完成')
```

注意：如果这个视频请求下载没有添加"verify = False"参数，会报 SSLError 的错误。如果以后遇到类似错误，src 为一个视频链接，可以自己找一个，记得添加该参数。

▶▶ 2.6.4　爬取翻译网站

目标网址为 https://fanyi.baiduu.com/。开始分析网页：右击网页，在弹出的快捷菜单栏中选择"检查"命令，在弹出的对话框中选择"网络"选项，在左侧翻译框中随意输入一个单词，可以看到右侧对话框会发送动态变化，如图 2-41 所示。

● 图 2-41　动态变化

可以通过预览查看每个文件的具体内容，发现所有翻译都在名为 sug 的文件中，如图 2-42 所示。

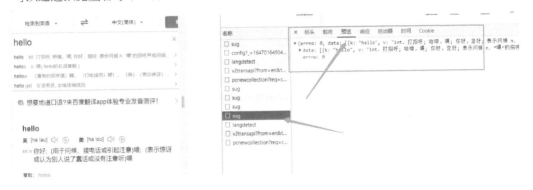

● 图 2-42　所有翻译都在名为 sug 的文件中

然后单击"标头"选项，如图 2-43 所示。

● 图 2-43　单击"标头"选项

在图 2-43 中发现请求网址是 https://fanyi.baiduu.com/sug，请求方式是 POST。单击"响应"选项，还可以看到其数据类型是字典类型，k 为需要翻译的内容，v 为翻译后的内容，如图 2-44 所示。

● 图 2-44　检查"响应"

如果有多个值的结果，则如图 2-45 所示。

● 图 2-45　检查多值"响应"

但这并不影响获取正确的值，案例代码如下。

```python
import json
import requests
url='https://fanyi.baidu.com/sug'
word=input('请输入想翻译的词语或句子:')
data={
  'kw':word
}
headers = {
  'User-Agent': 'Mozilla/5.0 (Windows NT 10.0; WOW64) AppleWebKit/537.36 (KHTML, like Gecko)
Chrome/47.0.2626.106 Safari/537.36'
}
reponse=requests.post(url=url,data=data,headers=headers)
dic=reponse.json()
# print(dic)
filename=word+'.json'
with open(filename,'w',encoding='utf-8') as fp:
  json.dump(dic,fp=fp,ensure_ascii=False)
j=dic['data'][0]['v']
print(j)
```

运行结果如图 2-46 所示。

```
请输入想翻译的词语或句子：蛋糕
cake; angel cake; [电影]Ciacho


请输入想翻译的词语或句子：晚上好
good evening
```

● 图 2-46　运行结果

本章所有代码可在 Github 开源仓库下载，地址为：https://github.com/sfvsfv/Crawer。

第 3 章

正则表达式基础与实战

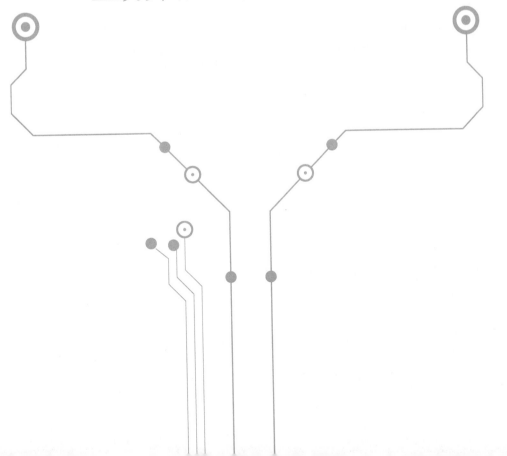

3.1 正则表达式的定义

正则表达式的作用是什么？网页抓取到的内容很多，不可能全部获取，只需要其中的一部分，因此需要使用正则来匹配想要的内容。Python 有一个内置包 re，可用于处理正则表达式。导入 re 模块的命令为：import re。

3.2 Python 中的正则表达式

导入 re 模块后，就可以开始使用正则表达式了。例如搜索字符串，查看它是否以"hello"开头，并以"love"结尾，案例代码如下。

```
import re
txt = "hello,python,I love you"
x = re.search("^^hello.*love", txt)
print(x)
if x:
    print("匹配成功!")
else:
    print("匹配失败")
```

运行结果如图 3-1 所示。

下面介绍一些常见的匹配规则。

1）\b：匹配空字符串，但只在单词开始或结尾的位置。

2）\B：匹配空字符串，但不能在单词开始或者结尾的位置。

```
<re.Match object; span=(0, 19), match='hello,python,I love'>
匹配成功!
```

● 图 3-1　运行结果

3）\d：匹配任何数字字符，等价于 [0-9]。

4）\D：匹配任何非数字字符，等价于 [^0-9]。

5）\s：匹配任何空白字符，等价于 [\t\n\r\f\v]。

6）\S：匹配任何非空白字符，等价于 [^ \t\n\r\f\v]。

7）\w：匹配任何字母与数字字符，等价于 [A-Z a-z 0-9]。

8）\W：匹配任何非字母与数字字符，等价于 [^A-Z a-z 0-9]。

9）\t：匹配一个制表符。

10）\n：匹配一个换行符。

常见的特殊匹配字符如下。

1）.（点）：匹配除了换行的任意字符。

2）^（插入符号）：匹配字符串的开头。

3) $ ：匹配字符串结尾或者字符串结尾换行符的前一个字符。

4) *：对它前面的正则表达式匹配 0 到任意次，尽量多匹配字符串。

5) +：对它前面的正则表达式匹配 1 到任意次。

6)？：对它前面的正则表达式匹配 0 到 1 次。"ab？"会匹配 a 或者 ab，非贪婪模式。

7) <.*>：贪婪模式，尽可能多匹配，比如"<a> b <c>"会匹配整个字符串。

8) <.*？>：非贪婪模式，尽量少被匹配，比如"<a> b <c>"只会匹配<。>

9) {m}：对其之前的正则表达式指定匹配 m 个字符，少于 m 个就会导致匹配失败。比如 b {5}将匹配 5 个 b，但是不能是 4 个。

10) {m, n}：贪婪匹配模式，对正则表达式进行 m~n 次匹配，在 m 和 n 之间取尽量多，即 n。比如对于 aaaaaa 来说，a{3,6} 将匹配 6 个 a。逗号不能省略，否则无法辨别修饰符边界。

11) {m, n}？：非贪婪匹配模式，与上一个相反。比如对于 aaaaaa 来说，a {3，5} 匹配 5 个 a，而 a {3，5}？只匹配 3 个 a。

3.3　正则表达式函数

在上述小节的案例代码中，看到了常见的 search 函数，除了它之外，还有其他一些函数也是需要学习的。下面开始学习正则表达式中的其他函数。

3.3.1　findall( ) 函数

re.findall( )函数返回一个包含所有匹配项的列表。从左到右扫描字符串，并按找到的顺序返回匹配项。例如匹配 txt 中所有"我爱"，案例代码如下。

```
import re
txt = "我爱 Python,我爱学习,我爱自己"
x = re.findall("我爱", txt)
print(x)
```

运行结果如下。

```
['我爱', '我爱', '我爱']
```

可以看到返回的是一个列表，该列表按找到的顺序列出匹配项。如果未找到匹配项，则返回一个空列表，案例代码如下。

```
import re
txt = "菜鸟并不菜"
x = re.findall("川川", txt)
print(x)
if (x):
  print("匹配成功了哟")
else:
  print("匹配失败了呀!")
```

运行结果如下。

```
[ ]
匹配失败了呀!
```

下面介绍特殊匹配字符的用法。案例：匹配字符串 txt 中以 p 开头的单词，案例代码如下。

```
import re
x=re.findall(r'p[a-z]*', 'hello pyworld,I love python')
print(x)
if(x):
    print("匹配成功了哟")
else:
    print("匹配失败了呀!")
```

运行结果如下。

```
['pyworld', 'Python']
匹配成功了哟
```

使用＼b 匹配一个空格，p［a-z］的意思则是匹配 p 以及后面的字符，然后添加＊表示尽量多地匹配字符串，所以将每一种情况都匹配出来了。再看一个案例：匹配字符串中的年龄和 ID，案例代码如下。

```
import re
# \W 匹配任何非字母与数字字符;\d 匹配整数;+匹配 1 到任意次
x=re.findall(r'(\w+)=(\d+)', 'my age=20 and ID=123456')
print(x)
```

运行结果如下。

```
[('age', '20'), ('ID', '123456')]
```

▶▶ 3.3.2 search( ) 函数

re.search( )函数表示在字符串中搜索匹配项。如果有匹配项，则返回一个 Match 对象；如果有多个匹配项，则只返回匹配项中第一次出现的。例如搜索字符串中的第一个空白字符，案例代码如下。

```
import re
txt = "这就是快乐吗?"
x = re.search("\s", txt)
print("第一个空格字符位于位置:", x.start())
```

运行结果如下。

```
第一个空格字符位于位置: 3
```

如果未找到匹配项，则返回 None，案例代码如下。

```
import re
txt = "人生苦短"
```

```
x = re.search("Python", txt)
print(x)
```

运行结果如下。

```
None
```

案例：匹配 str 中的"Python"，案例代码如下。

```
import re
str = 'so Love python!! '
match = re.search(r'\s \w \w \w \w \w \w', str)
if match:
  print('匹配成功:', match.group())
else:
  print('匹配失败')
```

运行结果如下。

```
匹配成功:  Python
```

知识补充：返回的对象使用 group( ) 函数进行输出。

再来看一个案例，代码如下。

```
import re
match = re.search(r'..g', 'bing')
match2 = re.search(r'du', 'baidu')
print(match.group())
print(match2.group())
```

运行结果如下。

```
ing
du
```

▶▶ 3.3.3　split( ) 函数

re.split( ) 函数返回一个列表，其中的字符串在每次匹配时被拆分。例如在每个空白字符处拆分，案例代码如下。

```
import re
txt = "人生苦短 我爱 Python"
x = re.split("\s", txt)
print(x)
```

运行结果如下。

```
['人生苦短', '我爱 Python']
```

还可以通过指定 maxsplit 参数来控制分割次数。例如遇到空格只分割两次，案例代码如下。

```
import re
txt = "一花 一世界 一生 只想你"
x = re.split("\s", txt, 2)
print(x)
```

运行结果如下。

```
['一花', '一世界', '一生 只想你']
```

案例：以字符分割（标点符号也是字符），案例代码如下。

```
import re
txt = 'how,are,you'
txt2='你好啊,在干嘛呢'
x=re.split(r'\W+',txt)
y=re.split(r'\W+',txt2)
print(x)
print(y)
```

运行结果如下。

```
['how', 'are', 'you']
['你好啊', '在干嘛呢']
```

3.3.4　sub( ) 函数

re.sub( )函数用来替换匹配项。例如将 txt 中的 h 替换成 H，案例代码如下。

```
import re
txt = "hello world"
x = re.sub("h", "H", txt)
print(x)
```

运行结果如下。

```
Hello world
```

读者还也可以通过指定 count 参数来控制替换次数。例如替换前 2 次出现的 h 为 H，案例代码如下。

```
import re
txt = "hello world,hello Python,hello c"
x = re.sub("h", "H", txt,2)
print(x)
```

运行结果如下。

```
Hello world,Hello Python,hello c
```

3.3.5　compile 函数

re.compile( )函数可以将字符串编译成正则表达式的模式对象，比如下面的例子。

```
import re
p = re.compile('[a-h]')
print(p.findall("hello,Python"))
```

运行结果如下。

```
['h', 'e', 'h']
```

再来看一个案例，代码如下。

```
import re
p = re.compile('\d')
print(p.findall("my age is 22"))
print(p.findall("The year is 2022"))
```

运行结果如下。

```
['2', '2']
['2', '0', '2', '2']
```

修饰符用于一些限制的控制，它是 re.compile( )函数中的一个可选参数，一般常用的修饰符有：

1）re.I：忽略大小写。

2）re.S：匹配包括换行符在内的任意字符。

注意：特别是在网页匹配中，re.S 尤为常用，因为节点之间经常会有换行。

3.4 特殊字符的使用

除了需要用到一些函数以外，还有可能用到一些特殊符号，它们在匹配中也起到了很大的作用。具体的介绍请读者见下面的小节。

▶▶ 3.4.1 列表符

［］用于一组字符，例如［abc］将匹配任何单个 a、b 或 c。还可以使用方括号内的 "-" 指定字符范围。例如以下几个例子。

1）［0，4］与［01234］相同。

2）［a-c］与［abc］相同。

还可以使用插入符号 ^ 反转字符，例如：

1）［^0-3］表示除 0、1、2 和 3 以外的任何数字。

2）［^a-c］表示除 a、b 和 c 之外的任何字符。

案例：按字母顺序查找 a 和 m 之间的所有小写字符，代码如下。

```
import re
txt = "hello chuanchuan"
x = re.findall("[a-m]", txt)
print(x)
```

运行结果如下。

```
['h','e','l','l','c','h','a','c','h','a']
```

再看一个案例: 匹配个人 QQ 邮箱, 代码如下。

```
str='2835809579@qq.com'
match = re.search(r'[\w]+@[\w.]+', str)
if match:
    print(match.group())
```

运行结果如下。

```
2835809579@qq.com
```

需要注意的是, 这里的点 (.) 表示字符中的一个点。

▶▶ 3.4.2　点符号

点符号可以匹配任何字符 (换行符除外)。例如搜索以 he 开头、后跟两个 (或任意个) 点符号和一个 o 的序列, 案例代码如下。

```
import re
txt = "hello world"
x = re.findall("he..o", txt)
print(x)
```

运行结果如下。

```
['hello']
```

▶▶ 3.4.3　开始符和结束符

开始符^用于匹配字符的开始。例如匹配 "h" 开头:

```
import re
txt = "hello python"
x = re.findall("^h+", txt)
print(x)
if x:
    print('匹配成功')
else:
    print('匹配失败')
```

运行结果如下。

```
['h']
匹配成功
```

结束符 ($) 用于匹配字符串的结尾。例如匹配字符串是否以 world 结尾, 案例代码如下。

```
import re
txt = "hello world"
x = re.findall("world$", txt)
print(x)
if x:
    print("匹配成功")
else:
    print("匹配失败")
```

运行结果如下。

```
['world']
匹配成功
```

▶▶ 3.4.4　星号

星号符（*）会对它前面的正则表达式匹配 0 到任意次，尽量多匹配字符串。比如下面的案例。

```
import re
txt = "菜鸟张三说自己总有一天不会是菜鸟"
x = re.findall("菜鸟*", txt)
print(x)
if x:
    print("匹配成功")
else:
    print("匹配失败")
```

运行结果如下。

```
['菜鸟', '菜鸟']
匹配成功
```

▶▶ 3.4.5　加号

加号（+）会对它前面的正则表达式匹配 1 到任意次。例如检查字符串是否包含"word"后跟 1 个或多个"word"字符串，案例代码如下。

```
import re
txt = "hello world,word will be better"
x = re.findall("word+", txt)
print(x)
if x:
    print("匹配成功!")
else:
    print("匹配失败")
```

运行结果如下。

```
['word']
匹配成功!
```

▶▶ 3.4.6 集合符号

集合符号（¦ ¦）用于匹配恰好出现的次数。例如检查字符串是否包含两个连续的"川"，案例代码如下。

```
import re
txt = "川川爱python!"
x = re.findall("川{2}", txt)
print(x)
if x:
    print("匹配到了两次连续的川")
else:
    print("匹配失败")
```

返回结果如下。

```
['川川']
匹配到了两次连续的川
```

▶▶ 3.4.7 或符号

或符号（|）表示两者匹配任意一个就算成功，如果都能匹配到，则都会被返回。例如以下案例：

```
import re
txt = "张三在吃饭或者睡觉"
x = re.findall("吃饭|睡觉|打游戏", txt)
print(x)
if x:
    print("匹配到了哦!")
else:
    print("匹配失败")
```

运行结果如下。

```
['吃饭', '睡觉']
匹配到了哦!
```

3.5 特殊序列

一些特殊的符号在匹配中也有很大的作用，比如需要匹配指定的符号、以什么字符开头的字符串等，特殊的符号加入函数中也能起到很好的提取数据的作用。

▶▶ 3.5.1 匹配指定字符

\A 表示如果指定的字符位于字符串的开头，则返回匹配项。例如匹配以 word 字符开头的字符串，案例代码如下。

```
import re
txt = "word will be better"
x = re.findall("\Aword", txt)
print(x)
```

运行结果如下。

```
['word']
```

▶▶ 3.5.2　匹配开头、结尾和中间

\ b 表示返回指定字符位于字符串开头或结尾的匹配项（开头加的 r 是为了确保字符串为原始字符串）。匹配开头案例代码如下。

```
import re
txt = "我爱学习,学习爱我"
x = re.findall(r"\b爱", txt)
x2 = re.findall(r"\b学习", txt)
x3 = re.findall(r"\b我", txt)
print(x,x2,x3)
```

运行结果如下。

```
[] ['学习'] ['我']
```

匹配结尾的案例代码如下。

```
import re
txt = "张三很爱学习,热爱 Python"
x = re.findall(r"Python\b", txt)
x2 = re.findall(r"热爱\b", txt)
print(x,x2)
```

运行结果如下。

```
['Python'] []
```

\B 表示返回存在指定字符但不在字符串开头（或结尾）的匹配项，案例代码如下。

```
import re
txt = "我不是菜鸟,他才是菜鸟"
x = re.findall(r"菜鸟\B", txt)
print(x)
```

运行结果如下。

```
['菜鸟']
```

▶▶ 3.5.3　匹配数字与非数字

\ d 表示匹配字符串中包含数字（0~9）的匹配项，例如匹配年龄，案例代码如下。

```
import re
txt = "张三今年 20 岁,小明今年 25 岁"
x = re.findall("\d+", txt)
print(x)
```

运行结果如下。

```
['20','25']
```

\D 表示匹配字符串中不包含数字的匹配项,案例代码如下。

```
import re
txt = "张三今年 20 岁,小明今年 25 岁"
x = re.findall("\D", txt)
x2 = re.findall("\D+", txt)
print(x,x2)
```

运行结果如下。

```
['张', '三', '今', '年', '岁', ',', '小', '明', '今', '年', '岁'] ['张三今年', '岁', '小明今年', '岁']
```

▶▶ 3.5.4 空格与非空格匹配

\s 用于匹配字符串包含的空格,案例代码如下。

```
import re
txt = "我 是 张三"
#匹配任何空格字符
x = re.findall("\s", txt)
print(x)
```

运行结果如下。

```
[' ',' ']
```

\S 表示返回字符串不包含空格字符的匹配项,案例代码如下。

```
import re
txt = "张三说 他在边吃饭 边打游戏"
#匹配任意非空格字符
x = re.findall("\S", txt)
x2 =re.findall("\S+", txt)
print(x,x2)
```

运行结果如下。

```
['张', '三', '说', '他', '在', '边', '吃', '饭', '边', '打', '游', '戏'] ['张三说', '他在边吃饭', '边打游戏']
```

▶▶ 3.5.5 数字与字母的匹配

\w 表示匹配任何字母与数字字符,返回字符串包含的任何单词字符（如 a~z、A~Z、0~9 以及下画线（_）等），案例代码如下。

```
import re
txt = "张三爱吃土豆西红柿 "
x = re.findall("\w", txt)
x2=re.findall("\w+", txt)
print(x,x2)
```

运行结果如下。

['张', '三', '爱', '吃', '土', '豆', '西', '红', '柿'] ['张三爱吃土豆', '西红柿']

\W 匹配任意非数字和字母字符，返回字符串不包含任何单词字符的匹配项（如!、?、空白位等），案例代码如下。

```
import re
txt = "hello! what's your name?"
x = re.findall("\W", txt)
print(x)
```

运行结果如下。

['! ', "'", ' ', ' ', '? ']

▶▶ 3.5.6　贪婪模式与非贪婪模式

如果用". *"去匹配，会发现整个字符串都会被匹配到，案例代码如下。

```
import re
txt='<b>hello</b><i>world</i>'
x=re.match(r'. *',txt)
print(x.group())
```

运行结果如下。

<b>hello</b><i>world</i>

点（.）表示贪婪模式。这时需要设置一个限制，可以在通用匹配后面添加"?"等符号，使其改为非贪婪方式匹配。比如条件（<. *? >) '将仅获得 b 作为第一个匹配项。简单地说，使用". *?"匹配到的是第一个符合条件的字符，后续即使有符合条件的字符，也不会被匹配进来。在实际应用中，用得更多的是非贪婪模式。案例代码如下。

```
## 通用匹配
import re
txt='<b>hello</b><i>world</i>'
x=re.match(r'(<. *? >)',txt)
print(x.group())
```

运行结果如下。

<b>

再看一个例子。

```
import re
txt = "<div>test1</div><div>test2</div>"
x= re.match("<div>.*</div>",txt)
y= re.match("<div>.*? </div>",txt)
print(x)
print(y)
```

运行结果如下。

```
<re.Match object; span=(0, 32), match='<div>test1</div><div>test2</div>'>
<re.Match object; span=(0, 16), match='<div>test1</div>'>
```

两者的区别应该能够很容易理解了。

3.6 集合练习

接下来简单完成关于集合的练习。

▶▶ 3.6.1 指定的符号匹配

例如匹配集合中指定的符号：lpn，案例代码如下。

```
import re
txt = "I love Python"
x = re.findall("[lpn]", txt)
print(x)
```

运行结果如下。

```
['l','p','n']
```

▶▶ 3.6.2 匹配任意范围内的小写字母

返回任何小写字母的匹配项 a~n，案例代码如下。

```
import re
txt = "hello world"
x = re.findall("[a-n]", txt)
print(x)
```

运行结果如下。

```
['h','e','l','l','l','d']
```

同样，其他情况如下。

1）[^lpn]：返回除 l、p 和 n 之外的任何字符的匹配项。

2）［0123］：返回存在任何指定数字（0、1、2 或 3）的匹配项。

3）［0-9］：返回 0~9 任意数字的匹配项。

4）［a-zA-Z］：按字母顺序返回 a~z 的任何字母的匹配项，包括小写或大写。

5）［+］：在集合中，+、*、.、|、()、$ 、¦¦ 没有特殊含义，所以［+］的意思是：返回字符串中任意 + 字符的匹配项。下面举例说明。

```
import re
txt = "5+6=11"
#检查字符串中是否包含+ 字符
x = re.findall("[+]", txt)
print(x)
```

运行结果如下。

```
['+']
```

3.7 匹配对象

匹配对象是包含有关搜索和结果信息的对象。注意：如果没有匹配，None 将作为返回值，而不是匹配对象。案例代码如下。

```
import re
#search() 函数返回一个 Match 对象
txt = "hello world"
x = re.search("wo", txt)
print(x)
```

运行结果如下。

```
<re.Match object; span=(6, 8), match='wo'>
```

可以返回 Match 对象的函数如下：

1）span( ) 函数返回一个包含匹配开始和结束位置的元组。

2）string 函数返回传递给函数的字符串。

3）group( ) 函数返回字符串中匹配的部分。

span( ) 函数打印第一个匹配项的位置（开始和结束位置）。例如搜索单词小写 w 开头的字符，并打印其位置，案例代码如下。

```
import re
txt = "hello world"
x = re.search(r"\bw\w+", txt)
print(x.span())
```

运行结果如下。

```
(6, 11)
```

string( )函数如果匹配到，将会返回整个字符串。例如打印传递给函数的字符串，案例代码如下。

```
import re
txt = "hello world"
x = re.search(r"\bw \w+", txt)
print(x.string)
```

运行结果如下。

```
hello world
```

group( )函数打印字符串中匹配的部分。例如搜索单词小写 w 开头的字母并打印该单词，案例代码如下。

```
import re
txt = "hello world"
x = re.search(r"\bw \w+", txt)
print(x.group())
```

运行结果如下。

```
world
```

注意：如果没有匹配，将返回 None 值，而不是匹配对象。

3.8 正则实战：段子爬取

目标网站为 https://xiaohua.zol.com.cn/baoxiaonannv/3.html。

首先是对网站的检查，单击鼠标右键，在弹出的快捷菜单栏中单击"检查"命令，如图 3-2 所示。

● 图 3-2 检查网页

单击如图 3-3 所示的箭头图标，打开实时定位。

把鼠标挪动到需要定位的内容处，右侧的网页会自动定位到对应的元素，如图 3-4 所示。

把定位的部分展开分析，如图 3-5 所示。

● 图 3-3　开启定位

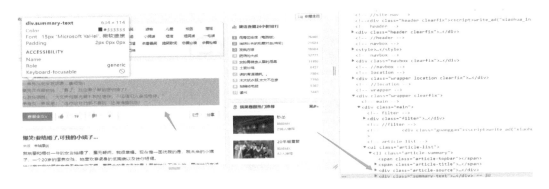

● 图 3-4　定位到对应的元素

● 图 3-5　把定位的部分展开分析

通过定位分析，可以发现每一个段子的内容都在标签\<div class = "summary-text" \>\</div\>中。
标题则是在标签\<span class = "article-title" \> \</a\>\</span\>中。
将页面往底部拉，可以看到它是分页的，如图 3-6 所示。

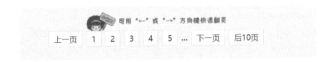

● 图 3-6　分页状态

此时，可以尝试点击其他的页码，比如第一页、第二页、第三页和第四页：

1）https://xiaohua.zol.com.cn/baoxiaonannv/

2）https://xiaohua.zol.com.cn/baoxiaonannv/2.html

3）https://xiaohua.zol.com.cn/baoxiaonannv/3.html

4）https://xiaohua.zol.com.cn/baoxiaonannv/4.html

根据上述几个页面链接可以看出，除了第一页，后续页面的变化都是末尾数字，可以通过循环让数字依次增加 1。基本的内容就这样分析好了，下面可以开始编写代码了。

第一步：导入模块。

```
import requests
import re
import logging
logging.captureWarnings(True)
import time
```

这里的 logging.captureWarnings（True）意思是忽略警告，time 是控制时间的模块，requests 模块用于请求网页等，re 模块用于匹配具体内容。

第二步：把需要请求的网址写进来。

```
# 第一页
url = 'https://xiaohua.zol.com.cn/baoxiaonannv/'
# 第 n 页 (第二页及以后的页面)
url2 = 'https://xiaohua.zol.com.cn/baoxiaonannv/%d.html'
```

第三步：开始分页爬取内容。

```
def load(page):
  if page == 1:
    # 获取代码内容,verify=False 不认证
    response = requests.get(url, headers=header, verify=False, timeout=10).text
    # 正则匹配
    item = pattern.findall(response)
    # 写入
    writefile(item)
  elif page > 1:
    for p in range(1, page + 1):
      if p == 1:
        duanzi = url
      else:
        duanzi = url2 % (p)
      print(duanzi)
      requests.packages.urllib3.disable_warnings()
      response = requests.get(duanzi, headers=header, verify=False, timeout=10).text
      # 正则匹配
      item = pattern.findall(response)
      # 写入
```

```
        writefile(item)
        time.sleep(2)
    pass
```

上述函数的功能为分页爬取，如果页数为第 1 页，请求网址为 url，response 为获取到的代码，然后需要使用正则来匹配具体需要的值。pattern.findall（response）意思是用 findall 来匹配代码，而 pattern 则是正则匹配，暂时并没有写它，会在第四步中单独写。writefile（item）则是把内容写入文件，该函数暂时还没有编写，现在只需要获取代码，然后匹配具体内容，再把内容写进去。框架搭建好后，再去具体写每一个函数代码。

第四步：编写文件写入函数和正则表达式。因为整个内容都在图 3-7 所示的标签内。

```
▼<div class="summary-text">
    "吃完晚饭，我和老婆都懒得洗碗，我提议："要不咱们猜拳吧？输的人洗！"她摇摇头娇羞地说："才
    不要呢，人家是淑女来着，猜拳这么粗鲁！"我想了想又提议："那咱们猜硬币吧！"说罢，我从口袋
    里掏出一枚硬币，突然她抬起手冲着我的脸就是一巴掌："你他妈哒的敢藏私房钱！""
</div>
```

● 图 3-7　文本内容所在的标签

其中需要提取的内容用（.*?）表示，所以编写正则表达式提取文本内容，代码如下。

```
pattern = re.compile(r'<div class="summary-text">(.*?)</div>')
```

接着编写文件。

```
def writefile(items):
    with open('duanzi.txt', 'a') as f:
        print('一共有%d 条段子' % len(items))
    for item in items:
        f.write(item + '\n')
        f.write('————————————————————————————————————\n')
    pass
```

由于正则提取返回的是一个列表，所以使用 for 循环遍历即可，完整案例代码如下。

```
# coding=utf-8
import requests
import re
import logging
logging.captureWarnings(True)
import time
# 第一页
url = 'https://xiaohua.zol.com.cn/baoxiaonannv/'
# 第 n 页
url2 = 'https://xiaohua.zol.com.cn/baoxiaonannv/%d.html'
header = {
  "User-Agent": "Mozilla/5.0 (Linux; Android 6.0; Nexus 5 Build/MRA58N) AppleWebKit/537.36
(KHTML, like Gecko) Chrome/99.0.4844.51 Mobile Safari/537.36",
```

```
    }
    def writefile(items):
      with open('duanzi.txt', 'a') as f:
        print('一共有%d 条段子' % len(items))
        for item in items:
          f.write(item + '\n')
          f.write('——————————————————————————————\n')
        pass
    # 正则表达式
    pattern = re.compile(r'<div class="summary-text">(.*?)</div>')


    def load(page):
      if page == 1:
        # 获取代码内容, verify=False 不认证
        response = requests.get(url, headers=header, verify=False, timeout=10).text
        # 正则匹配
        item = pattern.findall(response)
        # 写入
        writefile(item)
      elif page > 1:
        for p in range(1, page + 1):
          if p == 1:
            duanzi = url
          else:
            duanzi = url2 % (p)
          print(duanzi)
          requests.packages.urllib3.disable_warnings()
          response = requests.get(duanzi, headers=header, verify=False, timeout=10).text
          # 正则匹配
          item = pattern.findall(response, re.S)
          # 写入
          writefile(item)
          time.sleep(2)
        pass
    if __name__ == '__main__':
      n = int(input('请输入爬取的页数:'))
      load(n)
```

3.9 作业习题

    这里介绍一个可以在线检验正则表达式的网站 https://tool.oschina.net/regex#，如图 3-8 所示。

    只需要传入待匹配的内容，填写正则表达式，单击"测试匹配"按钮即可。如果能匹配到，结果会显示到下方的"匹配结果"中；如果不能匹配到，则显示为空。接下来完成几个练习题，可以使用上述网站检验所编写的正则表达式是否正确。

● 图 3-8 在线验证正则表达式

1）提取下列字符串中的单词。

I love myself

2）提取下面网址的域名。

https://blog.csdn.net/weixin_46211269? spm=1000.2115.3001.5343

3）去除下面 HTML 代码中的标签，只留下文字。

<h3>职位描述</h3>

工作内容：

1. Web 应用开发

2. PaaS 云平台开发

3. 系统维护、调试

热烈欢迎各位有志于从事互联网产品开发的人才应聘该职位。

先决条件：

请确保至少对 Python、JavaScript 这两门语言有深入学习研究的渴望

</div>

4）匹配下列字符串中的邮箱。

email:283480957@qq.com

5）使用正则表达式匹配手机号。

6）编写一个函数，使用正则表达式匹配一个字符串中是否包含字母 z。

7）匹配去除下面列表中每一个值的括号。

样例输入：

```
items = ["csdn (.com)", "zhihu(.com)", "github (.com)", "stackoverflow (.com)"]
```

输出：

```
csdn
zhihu
github
stackoverflow
```

8）使用正则表达式将 yyyy-mm-dd 格式的日期转换为 dd-mm-yyyy 格式。

本章所有代码和作业答案可从 Github 开源仓库下载，地址为 https://github.com/sfvsfv/Crawer。

第 4 章

XPath基础与实战

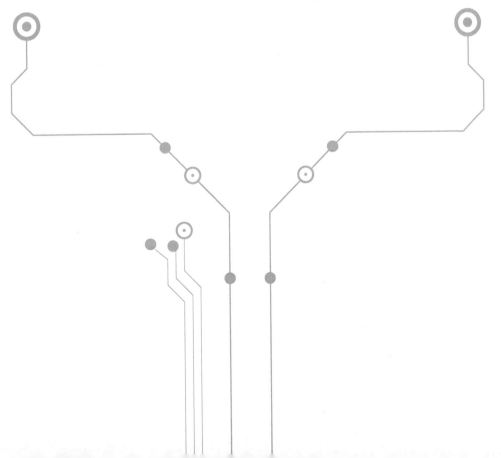

4.1 开始使用 XPath

在前面学习了利用正则表达式对 HTML 进行数据提取，本章将介绍 XPath 的使用。HTML 和 XML 具有非常相似的结构，从某种意义上来说，HTML 就是 XML 的一种特殊形式。因此 XPath 可以处理 XML 文件，也可以处理 HTML 文件。HTML 的基础在第 1 章已经学过了，因此本章只讲解用 XPath 对 HTML 的处理。为了验证 XPath 语法，在这里使用的是 lxml 模块，模块安装命令为：pip install lxml。

▶▶ 4.1.1 常见的 HTML 操作

假设有一段 HTML 文件内容，如下所示。

```
<html>
<body>
<a>link</a>
<div class='container' id='divone'>
<p class='common' id='enclosedone'>Element One</p>
<p class='common' id='enclosedtwo'>Element Two</p>
</div>
</body>
</html>
```

运行结果如图 4-1 所示。

• 图 4-1 运行结果

先将网页标准化，案例代码如下。

```
from lxml import etree
str=''''
<html>
<body>
<a>link</a>
<div class='container' id='first'>
<p class='common' id='two'>hello world</p>
<p class='common' id='three'>I love python</p>
</div>
</body>
```

```
</html>
'''
html=etree.HTML(str)#自动修正为标准 html
print(html)
```

对 HTML 文件标准化后，需要对数据进行提取，接下来介绍几个案例，以帮助读者理解。

例 1：在整个页面中查找具有特定 id 的元素，比如查找 id 为 first 的元素，代码如下。

```
res1=html.xpath("//*[@id='first']")
```

例 2：通过绝对路径查找具有特定 id 的元素，比如查找 id 为 two 的元素，代码如下。

```
res2=html.xpath("/html/body/div/p[@id='two']")
```

例 3：选择同时具有特定 id 和 class 的元素，代码如下。

```
res3=html.xpath("//p[@id='two' and @class='common']")
```

例 4：选择特定元素的文本，代码如下。

```
res3=html.xpath("/html/body/div/p[@id='three']/text()")
```

另一种写法与以上的提取结果一致，代码如下。

```
res4=html.xpath("//p[@id='three']/text()")
```

▶▶ 4.1.2 常见的 XML 操作

假设有 XML 文件，案例代码如下。

```
<r>
<e a="1"/>
<f a="2" b="1">hello python</f>
<f/>
<g>
<i c="2">hello xpath</i>
世界你好
<j>I love you</j>
</g>
</r>
```

第一步：对 XML 文件内容标准化，案例代码如下。

```
from lxml import etree
str ="""
<r>
<e a="1"/>
<f a="2" b="1">hello python</f>
<f/>
<g>
<i c="2">hello xpath</i>
世界你好
```

```
<j>I love you</j>
</g>
</r>
"""
xml=etree.XML(str)
print(xml)
```

经过标准化后，使用几个案例来加强学习，请运行代码查看结果。

例1：选择一个元素，案例代码如下。

```
res5=xml.xpath('/r/e')
print(res5)
```

例2：选择元素中的文字，案例代码如下。

```
res6=xml.xpath('/r/f/text()')
print(res6)
```

例3：选择具有此字符串值的文本节点，案例代码如下。

```
res7=xml.xpath('string(/r/f)')
print(res7)
```

输出为：

```
hello Python
```

▶▶ 4.1.3　浏览器使用 XPath 调试

步骤如下：

1）按 F12 键进入控制台。

2）使用快捷键 Ctrl+F 进入搜索框。

3）将编写好的 XPath 语法输入搜索框，按回车键后查看是否能够匹配到内容。

以作者的博客主页网址为例，地址如下。

https://blog.csdn.net/weixin_46211269？spm＝1000.2115.3001.5343

分析网页访问数量，如图 4-2 所示。

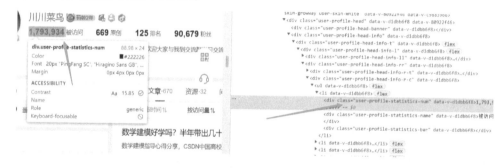

● 图 4-2　访问数量定位

锁定定位在 class = "user-profile-statistics-num" 这样一个标记 class 中，因此 XPath 编写为：//div
[@class = "user-profile-statistics-num"]，使用 Ctrl+F5 快捷键将编写好的 XPath 语法粘贴并按回车键，
结果如图 4-3 所示。

● 图 4-3　锁定定位

按回车键后可以看到被匹配的部分显示为黄色，说明 XPath 编写正确结果如图 4-4 所示。

● 图 4-4　验证成功

▶▶ 4.1.4　谷歌插件的安装与 XPath Helper 的使用

由于 XPath Helper 是谷歌插件，所以这里介绍如何给谷歌浏览器安装插件。读者可以在网上查询
该插件的下载方式。在这里演示其中一个即可，以某网站为例，直接搜索：XPath Helper，如图 4-5
所示。

● 图 4-5　XPath Helper 搜索结果

单击后选择"推荐下载"，如图 4-6 所示。

● 图 4-6　推荐下载

下载完成后，会看到以下压缩包，将它解压后如图 4-7 所示。

● 图 4-7　解压后

第一个文件为 CRX 格式，它就是谷歌的插件。打开谷歌浏览器，单击浏览器右上角的"设置"，在弹出的菜单选项中选择"更多工具"，再单击"拓展程序"命令，如图 4-8 所示。

● 图 4-8　拓展程序

在右上角打开"开发者模式"，如图 4-9 所示。

● 图 4-9　打开"开发者模式"

将浏览器缩小化便于拖动插件，如图 4-10 所示。

● 图 4-10　缩小浏览器

单击并按住插件文件，往右边拖动到浏览器中，如图 4-11 所示。

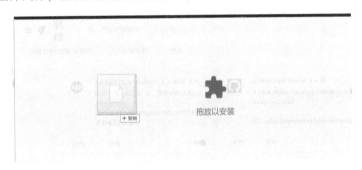

● 图 4-11　拖动插件

松开鼠标后如图 4-12 所示，单击"添加拓展程序"按钮。

安装成功后，右下角有个开关，可以手动选择这个插件是否启动。如果长期不使用建议关掉，否则浏览器会变得缓慢，如图 4-13 所示。

● 图 4-12　添加拓展程序

● 图 4-13　打开与关闭插件

接下来讲解这个插件的用法。打开/关闭 XPath Helper 的快捷键为 Ctrl+Shift+X，按快捷键打开后，会在上面显示两个黑框，如图 4-14 所示。

● 图 4-14　开启插件

如何用它定位呢？一直按住 Shift 键，鼠标移动到哪，上方的黑色框都会定位出来，松开 Shift 键后，就会停止定位，如图 4-15 所示。

● 图 4-15　定位

从上图可以看到，左侧框为绝对路径的 XPath，右侧框是鼠标停下来定位的内容。同样也可以通过左侧黑色框写的 XPath 语法来检测是否定位成功。比如输入内容为//div[@class = "user-profile-statis-tics-num"]，结果如图 4-16 所示。

● 图 4-16　验证结果

从上图可以看到匹配到了 4 个值，分别为访客量、原创量、排名、粉丝量。仔细检查一下网页代码会发现这几个值的 class 是一样的，因此同时定位到了 4 个值。

▶▶ 4.1.5　浏览器复制 XPath

举个例子，需要定位 CSDN 的搜索框，如图 4-17 所示。

● 图 4-17　定位搜索框

定位到所在位置，单击鼠标右键，选择"复制"命令，一个是复制 XPath，一个是复制完整 XPath，选择其中一个即可，一般用第一个，得到的内容为 //*[@id=" toolbar-search-button"]，如图 4-18 所示。

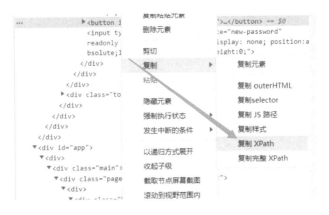

● 图 4-18　复制 XPath

该方法比较适合定位单个元素，也是非常快捷方便的定位方式。在 XML 中的语法，同样也适用于 HTML，因为 HTML 只是 XML 的一种特殊形式。因此，为了更好地介绍 XPath 的语法，本章主要基于 XML 格式的内容进行介绍。下面是一些常用的 XML 语法，需要读者记住。

1）*（星号）用于选择所有子元素，例如 */fruit 选择所有名为 fruit 的子元素。

2）.（点）选择当前节点。

3）// 用于在当前元素的所有下级中选择所有下级元素。例如 .//fruit 是在整个树中选择所有 fruit 元素。

4）.. 用于选择父元素。

5）［@attrib］选择属性为 attrib 的所有元素。

6）［@attrib=' value '］选择给定属性具有给定值的所有元素。

7）［@attrib！=' value '］选择给定属性不具有给定值的所有元素。

8）［position］选择位于给定位置的所有元素。位置可以是一个整数（1 表示首位），表达式 last（）（表示末位），或者相对于末位的位置（例如 last（）-1）。

9）［tag］选择所有包含 tag 子元素的元素。只支持直系子元素。

常用的函数例子如下所示。

1）./text（）表示只取当前节点中的文本内容。

2）//div［contains（@id，' stu '）］为模糊匹配，表示选择属性 id 中包含 "stu" 字符串的所有 div 节点。

3）//input［start-with（@id，' s '）］匹配 id 属性以 s 开头的元素（只支持 xml1.0 版本）。

4）//input［ends-with（@id，' t '）］匹配 id 以 t 结尾的元素（只支持 xml1.0 版本）。

关于上述所提到的各式各样的语法，读者可能并不能立刻理解，在接下来的各种案例中，相信读者能够逐渐掌握它们的使用方法。

4.2 属性的匹配

假设有 XML，如下所示。

```
<place>
<name>zhangsan</name>
<plan name="北京" type="first"/>
<plan name="上海" type="second"/>
</place>
```

将它标准化，案例代码如下。

```
from lxml import etree
str='''
<place>
<name>zhangsan</name>
<plan name="北京" type="first"/>
<plan name="上海" type="second"/>
</place>
'''
xml=etree.XML(str)
print(xml)
```

注意使用的是 etree.XML( ) 完成的标准化，与 html 唯一的区别就是：一个是 etree.XML，另一个是 etree.HTML。

4.2.1　根据具体属性匹配

案例：匹配所有 name 属性的标签，代码如下。

```
res1=xml.xpath('/Galaxy/*[@name]')
print(res1)
```

运行结果如图 4-19 所示。

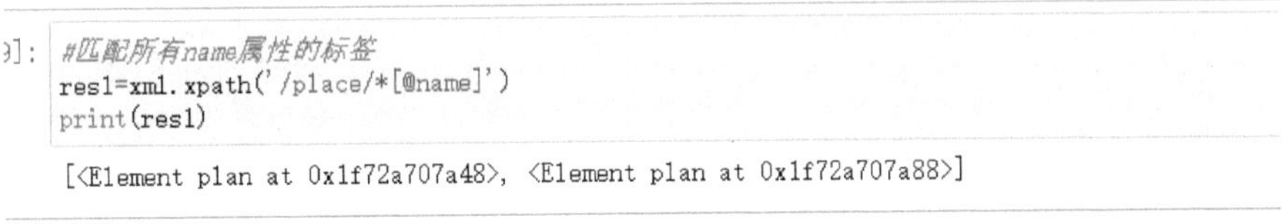

```
]:  #匹配所有name属性的标签
    res1=xml.xpath('/place/*[@name]')
    print(res1)

    [<Element plan at 0x1f72a707a48>, <Element plan at 0x1f72a707a88>]
```

● 图 4-19　运行结果

知识点：属性读取用@，读取所有则使用＊。
上述代码以绝对路径做匹配，同样还可以写成相对路径形式，代码如下。

```
res2=xml.xpath('//*[@name]')
print(res2)
```

4.2.2　通过属性值的字段匹配

根据属性中是否包含某段字符标签进行匹配。案例：筛选所有 name 属性中包含 "北" 的标签，代码如下。

```
res3=xml.xpath(r"/place/*[contains(@name,'北')]")
```

contains 函数就是代表包含的意思，这里就是查找 place 路径下，所有 name 属性中含有 "北" 的节点。除此之外，还可以用另一种方式进行匹配，代码如下。

```
res4=xml.xpath("//*[contains(@name,'北')]")
```

4.2.3　属性值获取

属性匹配的格式还可以为：@+属性名。注意一个区分：属性匹配是限定某个属性，属性获取是得到某个标签下的属性值。一个是限定，一个是获取值。例如获取标签中为 name 属性的值，代码如下。

```
res5=xml.xpath('//place/plan/@name')
print(res5)
```

运行结果如下。

['北京', '上海']

4.3 XPath 处理 HTML 常用方法

由于 HTML 可以理解成 XML 的一种特殊形式，所以都以 XML 进行演示学习，而且语法都是通用的。一些常见的语法如下。

1）/用于从当前节点选取直接子节点。

2）//用于从当前节点选取子孙节点。

3）. 用于选取当前节点。

4）.. 用于选取当前节点的父节点。

5）@用于选取属性。

6）＊用于选取所有。

以具体的案例进行学习，以帮助读者对语法的理解。现有一段 HTML 标签，案例代码如下所示。

```
<div>
<ul>
<li class="first"><a href="https://www.csdn.net/">CSDN</a></li>
<li class="two"><a href="https://www.zhihu.com/hot">zhihu</a></li>
<li class="three"><a href="https://www.runoob.com/linux/linux-tutorial.html" class="
linux">linux</a></li>
<li class="four"><a href="https://leetcode-cn.com/">leecode</a></li>
<li class="five"><a href="https://www.facebook.com/">facebook</a></li>
<li class="six"><a href="https://www.bilibili.com/">bilibili</a></li>
</ul>
</div>
```

首先需要将 HTML 修正为标准格式，案例代码如下所示。

```
from lxml import etree
html = '''
<div>
<ul>
<li class="first"><a href="https://www.csdn.net/">CSDN</a></li>
<li class="two"><a href="https://www.zhihu.com/hot">zhihu</a></li>
<li class="three"><a href="https://www.runoob.com/linux/linux-tutorial.html" class="
linux">linux</a></li>
<li class="four"><a href="https://leetcode-cn.com/">leecode</a></li>
<li class="five"><a href="https://www.facebook.com/">facebook</a></li>
<li class="six"><a href="https://www.bilibili.com/">bilibili</a></li>
</ul>
</div>'''
#数据转换成标签树的方式
```

```
html_tree = etree.HTML(html)
# print(html_tree)
#看一下 html_tree 里面的数据
print(etree.tostring(html_tree).decode('utf-8'))
```

运行结果如图 4-20 所示。

```
<html><body><div>
    <ul>
        <li class="first"><a href="https://www.csdn.net/">CSDN</a></li>
        <li class="two"><a href="https://www.zhihu.com/hot">zhihu</a></li>
        <li class="three"><a href="https://www.runoob.com/linux/linux-tutorial.html" class="linux">linux</a></li>
        <li class="four"><a href="https://leetcode-cn.com/">leecode</a></li>
        <li class="five"><a href="https://www.facebook.com/">facebook</a></li>
        <li class="six"><a href="https://www.bilibili.com/">bilibili</a></li>
    </ul>
</div></body></html>
```

● 图 4-20　运行结果

例 1：获取所有 li 节点，代码如下所示。

```
li = html_tree.xpath('//li')
print(li)
```

运行结果如图 4-21 所示。

```
#xpath返回数据是列表 [Element li 内存地址]
li = html_tree.xpath('//li')
print(li)
```

[<Element li at 0x24e98177e08>, <Element li at 0x24e9666c808>, <Element li at 0x24e985cf148>, <Element li at 0x24e985cf848>, <Element li a
t 0x24e985be488>, <Element li at 0x24e985acd88>]

● 图 4-21　例 1 运行结果

知识点：//用于获取所有节点，XPath 返回数据是列表，格式为［Element li 内存地址］。

例 2：获取属性为 two 的文本，代码如下所示。

```
li2 = html_tree.xpath('//li[@class="two"]')
print(li2[0].xpath('.//a/text()'))
```

运行结果如图 4-22 所示。

```
#获取属性为two文本,li2[1]返回的是Element,继续使用xpath
li2 = html_tree.xpath('//li[@class="two"]')
print(li2[0].xpath('.//a/text()'))
```

['zhihu']

● 图 4-22　例 2 运行结果

知识点：XPath 返回的是一个列表，由于属性为 two 的标签只有一个，所以索引用 li2［0］，返回的是 Element。定位到标签后，再次使用 XPath，定位到标签 a，用 text( ) 获取文本。

例 3：查询 class 属性不等于' first '的标签，代码如下所示。

```
li3 = html_tree.xpath('//li[@class! ="first"]')
print(li3)
```

运行结果如图 4-23 所示。

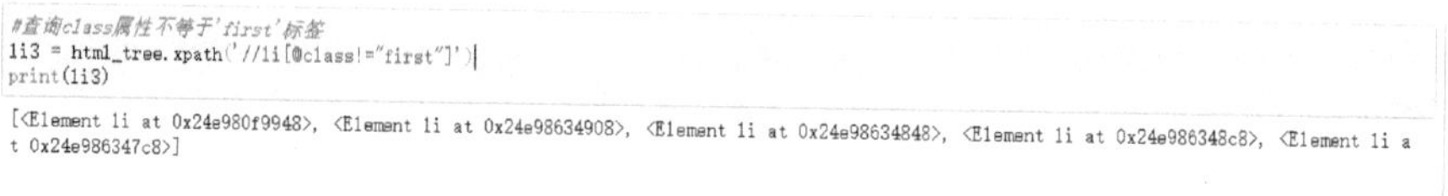

```
#查询class属性不等于'first'标签
li3 = html_tree.xpath('//li[@class!="first"]')
print(li3)

[<Element li at 0x24e980f9948>, <Element li at 0x24e98634908>, <Element li at 0x24e9634848>, <Element li at 0x24e986348c8>, <Element li a
t 0x24e986347c8>]
```

● 图 4-23　例 3 运行结果

知识点：属性定位用@符号，由于是选取不等于的内容，所以需要将＝＝改为！＝。

例 4：查询 li 标签 class 包含 tw 字符串的标签，代码如下所示。

```
li4 = html_tree.xpath('//li[contains(@class,"tw")]')
print(li4)
```

运行结果如图 4-24 所示。

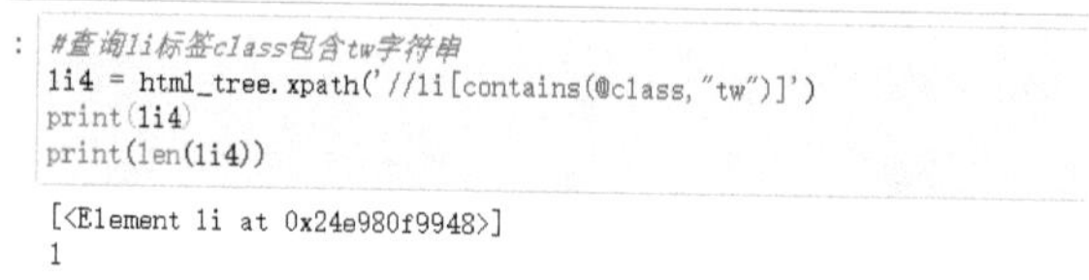

```
#查询li标签class包含tw字符串
li4 = html_tree.xpath('//li[contains(@class,"tw")]')
print(li4)
print(len(li4))

[<Element li at 0x24e980f9948>]
1
```

● 图 4-24　例 4 运行结果

例 5：获取上一个例子 li4 结果的 href 属性，代码如下所示。

```
h=li4[0].xpath('./a/@href')
print(h)
```

运行结果如图 4-25 所示。

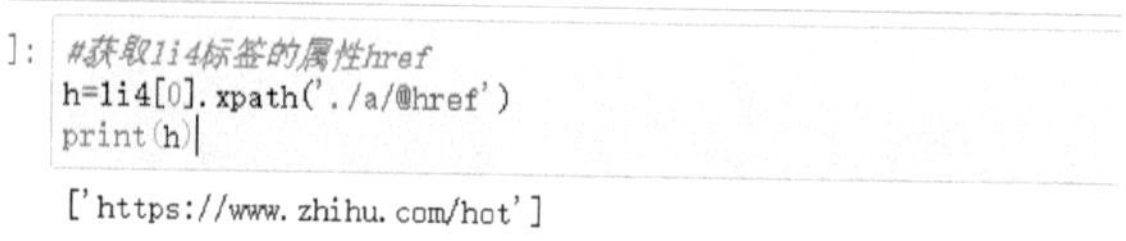

```
#获取li4标签的属性href
h=li4[0].xpath('./a/@href')
print(h)

['https://www.zhihu.com/hot']
```

● 图 4-25　例 5 运行结果

知识点：href 属性在 a 标签下，href 是 a 标签的属性，属性读取用@。

例 6：获取所有 a 标签中的 href 属性，代码如下所示。

```
c=html_tree.xpath('//li/a/@*')
print(c)
```

运行结果如图 4-26 所示。

```
]: #获取所有a标签中所有的属性
   c=html_tree.xpath('//li/a/@*')
   print(c)
```
```
['https://www.csdn.net/', 'https://www.zhihu.com/hot', 'https://www.runoob.com/linux/linux-tutorial.html', 'linux', 'https://leetcode-cn.c
om/', 'https://www.facebook.com/', 'https://www.bilibili.com/']
```

● 图 4-26   例 6 运行结果

知识点：a 标签都在 li 标签下，所以 //li 选取所有 li 的子节点，然后读取下面的 a 标签，@ 选取属性，*表示所有。

例 7：查询 li 标签 class 中不包含 tw 字符串的标签。

```
li5 = html_tree.xpath('//li[not(contains(@class,"tw"))]')
print(li5)
print(etree.tostring(li5[0]).decode('utf-8'))
```

运行结果如图 4-27 所示。

```
]: #查询li标签, 查询class不包含tw字符串的标签
   li5 = html_tree.xpath('//li[not(contains(@class,"tw"))]')
   print(li5)
   print(etree.tostring(li5[0]).decode('utf-8'))
```
```
[<Element li at 0x24e98634f48>, <Element li at 0x24e98634908>, <Element li at 0x24e98634848>, <Element li at 0x24e986348c8>, <Element li a
t 0x24e986347c8>]
<li class="first"><a href="https://www.csdn.net/">CSDN</a></li>
```

● 图 4-27   例 7 运行结果

知识点：选取包含内容用 contains，选取不包含内容，则在前面加 not。etree.tostring() 是以文本形式打印的意思，可以显示出元素的具体内容。

例 8：对 li 标签进行查询，class 不包含 f 字符串，同时包含属性 three。

```
li6 = html_tree.xpath('//li[not(contains(@class,"f"))][@class="three"]')
print(li6)
print(etree.tostring(li[0]).decode('utf-8'))
```

运行结果如图 4-28 所示。

```
: # two#查询li标签, class不包含f字符串, 同时包含属性three
  li6 = html_tree.xpath('//li[not(contains(@class,"f"))][@class="three"]')
  print(li6)
  print(etree.tostring(li[0]).decode('utf-8'))
```
```
[<Element li at 0x24e9864e4c8>]
<li class="first"><a href="https://www.csdn.net/">CSDN</a></li>
```

● 图 4-28   例 8 运行结果

知识点：同时满足两种情况时，每种情况分别用括号表示。

例9：查找根目录下所有的 li。

```
l1 = html_tree.xpath('/html/body/div/ul/li')
l12=html_tree.xpath('//li')
print(l1)
print(l12)
```

运行结果如图 4-29 所示。

```
]: #查找根目录下所有的li
   l1 = html_tree.xpath('/html/body/div/ul/li')
   l12=html_tree.xpath('//li')
   print(l1)
   print(l12)

   [<Element li at 0x24e9864e848>, <Element li at 0x24e9864e608>, <Element li at 0x24e9864e4c8>, <Element li at 0x24e9864ecc8>, <Element li a
   t 0x24e9864ec08>, <Element li at 0x24e9864e0c8>]
   [<Element li at 0x24e9864e848>, <Element li at 0x24e9864e608>, <Element li at 0x24e9864e4c8>, <Element li at 0x24e9864ecc8>, <Element li a
   t 0x24e9864ec08>, <Element li at 0x24e9864e0c8>]
```

● 图 4-29   例 9 运行结果

知识点：一种是使用相对路径的方式，另一种是使用绝对路径的方式。

例10：查询最后一个 li 标签。

```
li7 = html_tree.xpath('//li[last()]')
li8=html_tree.xpath('//li[5]')
print(li7)
print(li8)
```

运行结果如图 4-30 所示。

知识点：可以看到结果一样，第一种方法是在列表中传入 last( ) 表示最后一个；第二种是能直接看出列表中有 6 个元素，因此传入值 5，在数量较少时可以这样用。

例11：查询 li 标签倒数第二个具体内容，代码如下所示。

```
9]: #查询最后一个li标签
    li7 = html_tree.xpath('//li[last()]')
    li8=html_tree.xpath('//li[5]')
    print(li7)
    print(li8)

    [<Element li at 0x24e9864e0c8>]
    [<Element li at 0x24e9864ec08>]
```

● 图 4-30   例 10 运行结果

```
li9 = html_tree.xpath('//li[last()-1]')
print(etree.tostring(li9[0]).decode('utf-8'))
```

运行结果如图 4-31 所示。

```
l: #查询li标签倒数第二个具体内容
   li9 = html_tree.xpath('//li[last()-1]')
   print(etree.tostring(li9[0]).decode('utf-8'))

   <li class="five"><a href="https://www.facebook.com/">facebook</a></li>
```

● 图 4-31   例 11 运行结果

知识点：在前面知道了 last( ) 表示最后一个，减一就是倒数第二个。

例 12: 查询位置小于 3 的标签, 代码如下所示。

```
li10 = html_tree.xpath('//li[position()<3]')
print(li10)
```

运行结果如图 4-32 所示。

```
15]:  #查询位置小于3的标签
      li10 = html_tree.xpath('//li[position()<3]')
      print(li10)
      # print(etree.tostring(li10[0]).decode('utf-8'))

      [<Element li at 0x24e9864e848>, <Element li at 0x24e9864e608>]
```

● 图 4-32　例 12 运行结果

知识点: 一个列表中, 分别对应第一、第二、第三位置的数字为 1, 2, 3, 以此类推。position( ) 可以得到它们的具体位置, 小于 3 即可得到位置小于 3 的标签。

4.4 实战学习: 房产网站爬取

经过前文的基础知识学习, 下面进行实战爬取。目标网址为某网二手房价, 地址为 https://xa.59. com/ershoufang/。网站页面如图 4-33 所示。

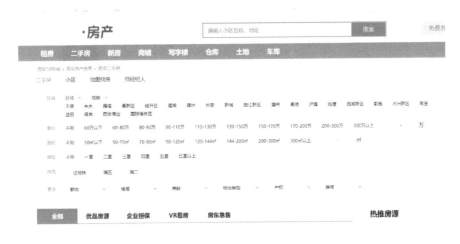

● 图 4-33　网站页面

作者以上海地区为例子进行爬取, 如图 4-34 所示。

单击鼠标右键, 在弹出的快捷菜单栏中选择 "检查" 命令, 查看网页代码, 选中整个的房价信息, 如图 4-35 所示。

可以看到信息是在一个列表中, 接下来检查需要的信息具体放在哪个标签中, 如图 4-36 所示。

图 4-34　选取上海房价

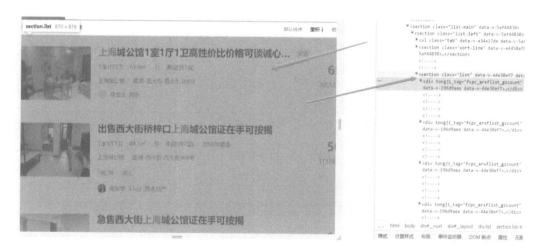

图 4-35　整体定位

图 4-36　定位分析（一）

每 4 个信息放在一个 list 中，如图 4-37 所示。

● 图 4-37　定位分析（二）

再具体看一下每一套房屋的信息，如图 4-38 和图 4-39 所示。

● 图 4-38　定位分析（三）

● 图 4-39　定位分析（四）

从上图可以看到，每一套房屋信息都在一个标签中。再细化分析，定位具体价格，如图 4-40 所示。

定位标题时发现都在 h3 标签中，对应的 class 为 property-content-title，如图 4-41 所示。

以上内容全部为分析，寻找规律，接着就可以开始对照网页编写代码了。

获取代码，对其标准化，案例代码如下。

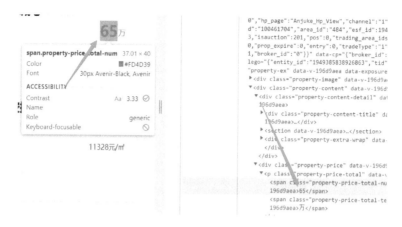

● 图 4-40　定位房价

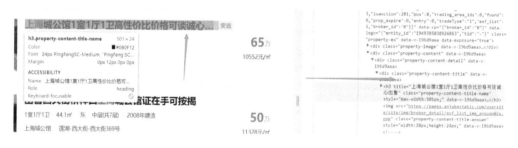

● 图 4-41　标题定位（一）

```
url = 'https://xa.58.com/ershoufang/? q=%E4%B8%8A%E6%B5%B7'
# 请求获取代码
page_text = requests.get(url=url, headers=headers).text
# 标准化
tree = etree.HTML(page_text)
```

这里主要使用 XPath，由于 XPath 返回的是列表，只需要循环遍历即可，主要是定位准确，实现起来是比较简单的，完整的代码如下。

```
from lxml import etree
import requests

headers = {
    'User-Agent': 'Mozilla/5.0 (Windows NT 10.0; Win64; x64) AppleWebKit/537.36 (KHTML, like
Gecko) Chrome/84.0.4147.105 Safari/537.36'
}
url = 'https://xa.58.com/ershoufang/? q=%E4%B8%8A%E6%B5%B7'
# 请求获取代码
page_text = requests.get(url=url, headers=headers).text
```

```
# 标准化
tree = etree.HTML(page_text)

if __name__ == '__main__':
    div_list = tree.xpath('//section[@class="list"]/div')
    print(div_list)
    fp = open('./上海二手房.txt', 'w', encoding='utf-8')
    for div in div_list:
        title = div.xpath('.//div[@class="property-content-title"]/h3/text()')[0]
        print(title)
        price = str(
            '总价格为' + div.xpath('.//div[@class="property-price"]/p/span[@class="property-price-total-num"]/text()')[
                0]) + '万元'
        print(price)
        fp.write(title + '\t' + price + '\n' + '\n')
```

再比如二手房主页另一个部分，地址为 https://bj.58.com/ershoufang/。先来分析标题：发现所有的 title 都是以 h3 开头的，并且 class 为 property-content-title-name，如图 4-42 所示。

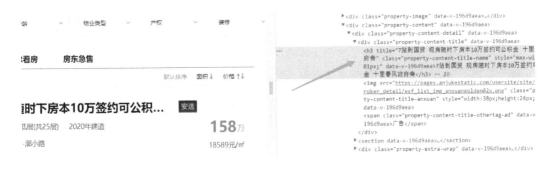

● 图 4-42　标题定位（二）

完整代码如下所示。

```
import requests
from lxml import etree
#这次使用了 etree 来获取所有二手房的 title,也就是标题
url='https://bj.58.com/ershoufang/'
headers = {
    'User-Agent': 'Mozilla/5.0 (Windows NT 10.0; Win64; x64) AppleWebKit/537.36 (KHTML, like Gecko) Chrome/85.0.4183.83 Safari/537.36',
}
page_text=requests.get(url,headers).text
tree=etree.HTML(page_text)#解析为 HTML 文档对象,并返回 Element 对象
title=tree.xpath('//h3[@class="property-content-title-name"]/text()')
price=tree.xpath('//span[@class="property-price-total-num"]/text()')
```

```
for i,j in zip(title,price):
    print(i,j)
```

注意：由于很多网站反爬能力特别强，会对 IP 进行限制，可以试试代理 IP。如果被反爬，读者使用以上的代码得到的结果就是一个空列表。由于房产数据的敏感性，读者应当以学习抓取的方法为主。

4.5 多线程爬虫

在目前所学习的内容中，使用的全部是单线程爬虫。当需要爬取的数据量比较大，且急需很快获取到数据的时候，可以考虑将单线程的爬虫写成多线程的爬虫。下面来学习一些它的基础知识和代码编写方法。

▶ 4.5.1 进程和线程

进程可以理解为是正在运行的程序的实例。进程是拥有资源的独立单位，而线程不是独立的单位。由于每一次调度进程的开销比较大，为此才引入线程。一个进程可以拥有多个线程，一个进程中可以同时存在多个线程，这些线程共享该进程的资源，线程的切换消耗是很小的。因此在操作系统中引入进程的目的是更好地使多道程序并发执行，提高资源利用率和系统吞吐量；而引入线程的目的则是减小程序在并发执行时所付出的时空开销，提高操作系统的并发性能。

下面用简单的例子进行描述，打开本地计算机的"任务管理器"，如图 4-43 所示，这些正在运行的程序叫作进程。如果将一个进程比喻成一个工作，指定 10 个人来做这份工作，这 10 个人就是 10 个线程。因此，在一定的范围内，多线程效率比单线程效率更高。

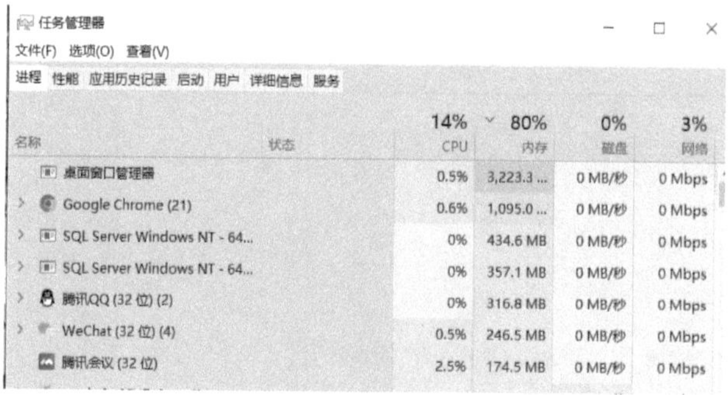

● 图 4-43　任务管理器

▶ 4.5.2 Python 中的多线程与单线程

在平时学习的过程中，使用的主要是单线程爬虫。一般来说，如果爬取的资源不是特别大，使用单线程即可。在 Python 中，默认情况下是单线程的，简单理解为：代码是按顺序依次运行的，比如先运行第一行代码，再运行第二行，依此类推。在前面章节所学习的知识中，都是以单线程的形式实践的。

举个例子，批量下载某网站的图片，由于下载图片是一个耗时的操作，如果依然采用单线程的方式下载，那么效率就会特别低，意味着需要消耗更多的时间等待下载。为了节约时间，这时候就可以考虑使用多线程的方式来下载图片。

threading 模块是 Python 中专门用来做多线程编程的模块，它对 thread 进行了封装，使用更加方便。例如需要对写代码和玩游戏两个事件使用多线程，案例代码如下。

```python
import threading
import time
# 定义第一个
def coding():
  for x in range(3):
    print('%s 正在写代码 \n' % x)
    time.sleep(1)
# 定义第二个
def playing():
  for x in range(3):
    print('%s 正在玩游戏 \n' % x)
    time.sleep(1)
# 如果使用多线程执行
def multi_thread():
  start = time.time()
  #  Thread 创建第一个线程,target 参数为函数名
  t1 = threading.Thread(target=coding)
  t1.start()   # 启动线程
  # 创建第二个线程
  t2 = threading.Thread(target=playing)
  t2.start()
  # join 确保 thread 子线程执行完毕后,才能执行下一个线程
  t1.join()
  t2.join()
  end = time.time()
  running_time = end - start
  print('总共运行时间: %.5f 秒' % running_time)
# 执行
if __name__ == '__main__':
  multi_thread()   # 执行单线程
```

运行结果如图 4-44 所示。

```
0正在写代码

0正在玩游戏

1正在写代码
1正在玩游戏

2正在写代码
2正在玩游戏

总共运行时间 : 3.03320 秒
```

● 图 4-44　多线程运行结果

那么执行单线程会消耗多少时间，案例代码如下所示。

```
import time
# 定义第一个
def coding():
  for x in range(3):
    print('%s 正在写代码 \n' % x)
    time.sleep(1)
# 定义第二个
def playing():
  start = time.time()
  for x in range(3):
    print('%s 正在玩游戏 \n' % x)
    time.sleep(1)
  end = time.time()
  running_time = end - start
  print('总共运行时间: %.5f 秒' % running_time)
def single_thread():
  coding()
  playing()
# 执行
if __name__ == '__main__':
  single_thread()   # 执行单线程
```

运行结果如图 4-45 所示。

0正在写代码

1正在写代码

2正在写代码

0正在玩游戏

1正在玩游戏

2正在玩游戏

总共运行时间: 3.01932 秒

● 图 4-45 单线程运行结果

经过以上多线程和单线程的运行结果，可以看出多线程中写代码和玩游戏是一起执行的，单线程中则是先写代码再玩游戏。从时间上来说，可能只有细微的差距，当执行工作量很大的时候，便会发现多线程消耗的时间会更少，从这个案例中我们也可以知道，当所需要执行的任务并不多的时候，只需要编写单线程即可。

▶▶ 4.5.3 单线程修改为多线程

以某直播的图片爬取为例，在前面已经做了很多的案例分析，这里就不便做过多解析了，感兴趣的读者可以根据代码进行理解，案例代码如下。

```python
import requests
from lxml import etree
import time
import os

dirpath = '图片/'
if not os.path.exists(dirpath):
  os.mkdir(dirpath)   # 创建文件夹

header = {
  'User-Agent': 'Mozilla/5.0 (Macintosh; Intel Mac OS X 10_13_3) AppleWebKit/537.36 (KHTML,
like Gecko) Chrome/65.0.3325.162 Safari/537.36'
}
def get_photo():
  url = 'https://www.huya.com/g/4079/'   # 目标网站
  response = requests.get(url=url, headers=header)   # 发送请求
  data = etree.HTML(response.text)   # 转换为 html 格式
  return data

def jiexi():
  data = get_photo()
  image_url = data.xpath('//a//img//@data-original')
  image_name = data.xpath('//a//img[@class="pic"]//@alt')
  for ur, name in zip(image_url, image_name):
    url = ur.replace('? imageview/4/0/w/338/h/190/blur/1', '')
    title = name +'.jpg'
    response = requests.get(url=url, headers=header)   # 在此发送新的请求
    with open(dirpath + title, 'wb') as f:
      f.write(response.content)
    print("下载成功" + name)
    time.sleep(2)

if __name__ == '__main__':
    jiexi()
```

如果需要修改为多线程爬虫，只需要修改主函数即可，例如创建 4 个线程进行爬取，案例代码如下所示。

```python
if __name__ == "__main__":
  threads = []
  start = time.time()
  # 创建 4 个线程
  for i in range(1, 5):
    thread = threading.Thread(target=jiexi(), args=(i,))
    threads.append(thread)
    thread.start()
  for thread in threads:
```

```
    thread.join()
end = time.time()
running_time = end - start
print('总共消耗时间: %.5f 秒' % running_time)
print("全部完成!")  # 主程序
```

4.6 作业习题

题目：使用 XPath 爬取以下网址中的图片。

https://sc.chinaz.com/tupian/huanghuntupian.html

请参考前面的案例，没有固定答案。本章所有代码和素材可以在 Github 开源仓库下载，地址为：https://github.com/sfvsfv/Crawer。

第 5 章

Beautiful Soup基础
与实战

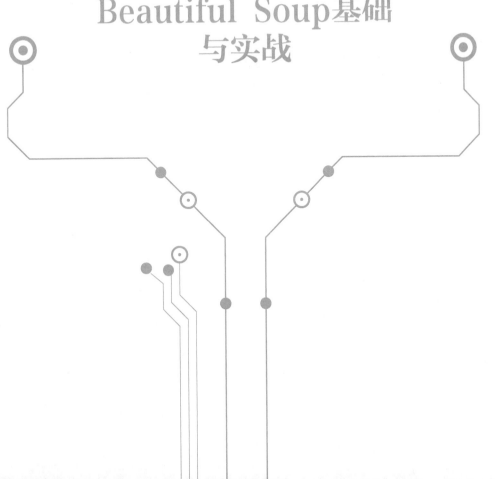

5.1 什么是 Beautiful Soup

Beautiful Soup 是一个很强大的解析库，该库的使用比正则简单很多，使用它提取网页非常方便。模块安装命令为：pip install beautifulsoup4。

5.2 解析器

Beautiful Soup 依赖解析器能够帮助用户更好地处理网页文档，表 5-1 是支持的解析器。

表 5-1　支持的解析器

解　析　器	典　型　用　法	优　　　点	缺　　　点
html.parser	BeautifulSoup（markup，"html.parser"）	Python 的内置标准库；执行速度适中；文档容错能力强	Python 2.7.3 or 3.2.2 以前的版本文档容错能力弱
lxml 的 HTML 解析器	BeautifulSoup（markup，"lxml"）	速度快；文档容错能力强	需要安装 C 语言库
lxml 的 XML 解析器	BeautifulSoup（markup，"xml"）	速度快；唯一支持 XML 的解析器	需要安装 C 语言库
html5lib	BeautifulSoup（markup，"html5lib"）	最好的容错性；以浏览器的方式解析文档；生成 HTML5 格式的文档	速度慢；不依赖外部扩展

因为 lxml 的效率更高，推荐使用 lxml 作为解析器。在 Python 2.7.3 之前的版本和 Python 3.2.2 之前的版本，必须安装 lxml 或 html5lib。因为老版本 Python 的标准库中内置的 HTML 解析方法不够稳定，本书使用的是 Python 3.10 作为讲解实践。

5.3 解析库的基本使用

Beautiful Soup 解析库对数据的提取很方便，下面来学习它的一些常见方法。

▶▶ 5.3.1　代码的排版

Beautiful Soup 能较好地修正一段网页代码，使用 prettify 方法即可获取排版好的 html，案例代码如下所示。

```
html = '''
<!DOCTYPE html>
<html>
```

```
<head>
<meta charset="UTF-8">
<title>second</title>
<style>
*{
text-align: center;
color: red;
}
</style>
</head>

<body>
<h2>美味的汤</h2>
<p class="test" id='num1'>我爱学习</p>
<p class="test2" id='num2'>学习爱我</p>
<p class="test" id='num3'>学习 CSS</p>
</body>
</html>
'''
from bs4 import BeautifulSoup
soup = BeautifulSoup(html,'lxml')
print(soup.prettify())   #prettify 可以格式化输出标准的 html
```

注意：BeautifulSoup（html, 'lxml'）中的 html 代表网页代码内容。
运行结果如下所示。

```
<!DOCTYPE html>
<html>
<head>
<meta charset="utf-8"/>
<title>
    second
</title>
<style>
    *{
text-align: center;
color: red;
}
</style>
</head>
<body>
<h2>
美味的汤
</h2>
<p class="test" id="num1">
我爱学习
</p>
```

```
<p class="test2" id="num2">
学习爱我
</p>
<p class="test" id="num3">
学习 CSS
</p>
</body>
</html>
```

此处，首先对 html 变量赋值了一段网页代码。使用 Beautiful Soup 的 lxml 解析器解析网页代码，得到一个 Beautiful Soup 的对象 soup，并能按照标准的缩进格式结构输出。通过 prettify( ) 方法能够获取排版好的代码。

▶▶ 5.3.2　网页文档处理

如果想要用 Beautiful Soup 解析已经下载的 HTML 档案，可以直接将开启的档案交给 Beautiful Soup 处理，案例代码如下。

```
from bs4 import BeautifulSoup
# 从档案读取 HTML 文档处理
with  open ("index.html") as f:
  soup = BeautifulSoup(f)
print(soup.prettify())
```

▶▶ 5.3.3　获取节点中的文本

例 1：输出网页标题的 HTML 标签，可以直接指定网页标题标签的名称，比如标签名称为 title，代码如下。

```
t=soup.title
print(t)
```

运行结果如下。

```
<title>second</title>
```

例 2：要获取标签中的文字内容，使用 string 属性即可，代码如下。

```
t=soup.title.string
print(t)
```

运行结果如下。

```
second
```

例 3：获取 h2 标签中的文字内容，代码如下。

```
h=soup.h2.string
print(h)
```

运行结果如下。

美味的汤

例 4：获取 p 标签的文本，代码如下。

```
p=soup.p.string
print(p)
```

运行结果如下。

我爱学习

上述返回结果可以看到它只返回了第一个 p 标签，也就是说如果有多个 p 标签，默认返回第一个 p 标签。后续学习中会讲解到解决这种问题的方法。string 方法与 get_text( ) 方法效果一样，比如以下的例子。

```
p3=p2[1].string
print(p3)
p4=p2[1].get_text()
print(p4)
```

运行结果如下。

学习爱我
学习爱我

▶▶ 5.3.4　根据属性匹配

属性可以在得到节点的前提下，使用 get( ) 方法获取。创建一个案例，代码如下所示。

```
text="""
<!DOCTYPE html>
<html>
<head>
<meta charset="UTF-8">
<title>属性</title>
</head>
<body>
<a href='https://www.csdn.net/' class="one" >红豆生南国,春来发几枝。</a>
<a href='https://www.zhihu.com/' id="two">愿君多采撷,此物最相思。</a>
</body>
</html>
"""
from bs4 import BeautifulSoup
soup = BeautifulSoup(text, 'lxml')
print(soup.prettify())
```

运行结果如下。

```
<!DOCTYPE html>
<html>
```

```
<head>
<meta charset="utf-8"/>
<title>
属性
</title>
</head>
<body>
<a class="one" href="https://www.csdn.net/">
红豆生南国,春来发几枝。
</a>
<a href="https://www.zhihu.com/" id="two">
愿君多采撷,此物最相思。
</a>
</body>
</html>
```

例：获取 a 标签的 href 属性，代码如下。

```
s=soup.a
# print(s)
s2=s.get('href')
print(s2)
```

运行结果如下。

```
https://www.csdn.net/
```

当然也可以用来获取 class 内容，代码如下。

```
s3=s.get('class')
print(s3)
```

运行结果如下。

```
['one']
```

5.4 find_all 方法搜索节点

可以使用 findall 找出所有特定的 HTML 标签节点，find_all( ) 方法搜索当前标签的所有标签子节点，并判断是否符合过滤器的条件。它返回的是列表类型，可以通过 for 循环依次输出结果。

*find*all( ) 语法为：find_all（name, attrs, recursive, string, * * kwargs）。

▶▶ 5.4.1 基本使用

以前文中用到的网页代码为例，案例代码如下。

```
html = '''
<! DOCTYPE html>
```

```
<html>
<head>
<meta charset="UTF-8">
<title>second</title>
<style>
*{
text-align: center;
color: red;
}
</style>
</head>
<body>
<h2>美味的汤</h2>
<p class="test" id='num1'>我爱学习</p>
<p class="test2" id='num2'>学习爱我</p>
<p class="test" id='num3'>学习 CSS</p>
</body>
</html>
"""
from bs4 import BeautifulSoup
soup = BeautifulSoup(html, 'lxml')
print(soup.prettify())   # prettify 可以打印格式很好的 html
```

例1：获取所有的 p 标签内容，案例代码如下。

```
p2=soup.find_all('p')
print(p2)
```

运行结果如下。

> [<p class="test" id="num1">我爱学习</p>, <p class="test2" id="num2">学习爱我</p>, <p class ="test" id="num3">学习 CSS</p>]

上述结果可以看出返回的是一个列表，如果要获取第二个 p 标签中的文字内容，通过索引即可得到，代码如下。

```
p3=p2[1].string
print(p3)
```

运行结果如下。

> 学习爱我

再来看一个案例，代码如下。

```
html="""
<html>
<head>
<meta charset="UTF-8">
<title>再来一碗美味的汤</title>
</head>
```

```
<body>
<h2>
崔九欲往南山马上口号与别
</h2>
<p>
归山深浅去
</p>
<a href="https://www.baidu.com/" id="link1">
须尽丘壑美。
</a>
<a href="https://cn.bing.com/" id="link2">
莫学武陵人
</a>
<p>
暂游桃源里。
<b class="boldtext">
这是一首诗
</b>
<b class="boldtext2">
唐代的诗歌
</b>
</p>
</body>
</html>
'''
from bs4 import BeautifulSoup
soup = BeautifulSoup(html, 'lxml')
print(soup.prettify())
```

例 2：获取所有的 a 节点内容，案例代码如下。

```
a=soup.find_all('a')
print(a)
```

运行结果如下。

```
[<a href="https://www.baidu.com/" id="link1">
须尽丘壑美。
</a>, <a href="https://cn.bing.com/" id="link2">
莫学武陵人
</a>]
```

例 3：获取所有 b 标签内容，案例代码如下。

```
b=soup.find_all('b')
print(b)
```

运行结果如下。

```
[<b class="boldtext">
这是一首诗
```

```
</b>, <b class="boldtext2">
唐代的诗歌
</b>]
```

例 4：获取第二个 b 标签，可以再通过索引获取，案例代码如下。

```
b2=b[1]
print(b2)
```

运行结果如下。

```
<b class="boldtext2">
唐代的诗歌
</b>
```

除了通过索引，find_all( ) jams 还可以使用这样的方法来获取，案例代码如下。

```
b3=soup.find_all('b','boldtext2')
print(b3)
```

运行结果如下。

```
[<b class="boldtext2">
唐代的诗歌
</b>]
```

同样可以通过文字来获取，案例代码如下。

```
import re
n3=soup.find(string=re.compile('诗歌'))
print(n3)
```

运行结果如下。

```
唐代的诗歌
```

后续会分别讲解 find_all( ) 的各个参数。

▶▶ 5.4.2 通过标签搜索

name 参数可以查找所有名字为 name 的标签，字符串对象会被自动忽略掉，案例代码如下。

```
n = soup.find_all('title')
print(n)
```

运行结果如下。

```
[<title>再来一碗美味的汤</title>]
```

它不仅可以搜索单个标签，还可以搜索多个标签，将它放在一个列表中，即可对多个标签进行搜索，案例代码如下。

```
n3 =soup.find_all(['title','p'])
print(n3)
```

运行结果如下。

```
[<p>html_doc = """
</p>, <title>CSS 获取</title>, <p class="title"><b></b></p>, <p class="story">美人卷珠帘,
</p>, <p class="story">...</p>]
```

▶▶ 5.4.3 非参数搜索

keyword 参数表示如果一个指定名字的参数不是搜索内置的参数名，搜索时会将该参数当作指定名字标签的属性来搜索。比如通过 id 获取内容 id 为 link1 的标签，代码如下所示。

```
n2=soup.find_all(id='link1')
print(n2)
```

运行结果如下。

```
[<a href="https://www.baidu.com/" id="link1">
须尽丘壑美。
</a>]
```

▶▶ 5.4.4 CSS 搜索

从 Beautiful Soup 的 4.1.1 版本开始，可以通过 class_参数搜索有指定 CSS 类名的 tag。换一个新的 html 进行测试，案例代码如下。

```
html3='''
html_doc = """
<html><head><title>CSS 获取</title></head>
<body>
<p class="title"><b></b></p>
<p class="story">美人卷珠帘,</p>
<a href="https://www.baidu.com/" class="shi" id="link1">深坐蹙蛾眉。</a>,
<a href="https://cn.bing.com/" class="shi" id="link2">但见泪痕湿,</a> and
<a href="https://www.google.com/? hl=zh_CN" class="shi" id="link3">不知心恨谁。</a>;
and they lived at the bottom of a well.</p>
<p class="story">...</p>
"""
'''
from bs4 import BeautifulSoup
soup = BeautifulSoup(html3,'lxml')
print(soup.prettify())
```

运行结果如下。

```
<html>
<body>
<p>
    html_doc = """
```

```
</p>
<title>
    CSS 获取
</title>
<p class="title">
<b>
</b>
</p>
<p class="story">
美人卷珠帘,
</p>
<a class="shi" href="https://www.baidu.com/" id="link1">
深坐蹙蛾眉。
</a>
        ,
<a class="shi" href="https://cn.bing.com/" id="link2">
但见泪痕湿,
</a>
    and
<a class="shi" href="https://www.google.com/? hl=zh_CN" id="link3">
不知心恨谁。
</a>
        ;
and they lived at the bottom of a well.
<p class="story">
        ...
</p>
        """
</body>
</html>
```

例 1：搜索 a 标签，且 class 为 shi 的标签，代码如下。

```
c=soup.find_all('a',class_='shi')
print(c)
```

class_如果省略，默认表示第二个参数为 class，它的等效代码如下。

```
c=soup.find_all('a','shi')
print(c)
```

运行结果如下。

```
[<a class="shi" href="https://www.baidu.com/" id="link1">深坐蹙蛾眉。</a>,
 <a class="shi" href="https://cn.bing.com/" id="link2">但见泪痕湿,</a>,
 <a class="shi" href="https://www.google.com/? hl=zh_CN" id="link3">不知心恨谁。</a>]
```

例 2：获取为 p 标签，且 class 为 story 的标签，代码如下。

```
c3 =soup.find_all("p", class_="story")
print(c3)
```

运行结果如下。

```
[<p class="story">美人卷珠帘,</p>, <p class="story">...</p>]
```

例 3：通过 id 来获取，比如 a 标签中 id 为 link2 的标签，代码如下。

```
c4 = soup.find_all("a", id="link2")
print(c4)
```

运行结果如下。

```
[<a class="shi" href="https://cn.bing.com/" id="link2">但见泪痕湿,</a>]
```

▶▶ 5.4.5　通过文本搜索

若要依据文字内容来搜寻特定的节点，可以使用 find_all 配合 string 参数。string 参数可以搜索文档中的字符串内容，与 name 参数的可选值一样，string 参数接受字符串与正则表达式。案例代码如下。

```
w = soup.find_all(string="但见泪痕湿,")
print(w)
```

运行结果如下。

```
['但见泪痕湿,']
```

注意：如果直接给 string 传递值，需要传入该标签的完整内容，否则返回为空列表。但是一般不需要使用完整的标签内容去匹配，所以这里引入正则，案例代码如下。

```
w2 = soup.find_all(string=re.compile("美人"))
print(w2)
```

运行结果如下。

```
['美人卷珠帘,']
```

string 参数也可以结合其他的参数使用，案例代码如下。

```
w3=  soup.find_all('a',string="但见泪痕湿,")
print(w3)
```

运行结果如下。

```
[<a class="shi" href="https://cn.bing.com/" id="link2">但见泪痕湿,</a>]
```

同样可以将正则加入进来，代码如下。

```
w4=  soup.find_all('a',string=re.compile("不知"))
print(w4)
```

运行结果如下。

```
[<a class="shi" href="https://www.google.com/? hl=zh_CN" id="link3">不知心恨谁。</a>]
```

▶▶ 5.4.6　**返回数量限制**

如果用 find_all( ) 方法匹配，匹配后会返回全部的搜索标签。如果网页很大，搜索过程会很慢。如果不需要全部结果，可以使用 limit 参数限制返回结果的数量。当搜索到的结果数量达到 limit 的限制时，就停止搜索，并返回结果。比如在 html3 网页代码中有三个 a 标签，只需要返回前两个即可，案例代码如下。

```
html3=''''
html_doc = """
<html><head><title>CSS 获取</title></head>
<body>
<p class="title"><b></b></p>
<p class="story">美人卷珠帘,</p>
<a href="https://www.baidu.com/" class="shi" id="link1">深坐蹙蛾眉。</a>,
<a href="https://cn.bing.com/" class="shi" id="link2">但见泪痕湿,</a> and
<a href="https://www.google.com/? hl=zh_CN" class="shi" id="link3">不知心恨谁。</a>;
and they lived at the bottom of a well.</p>
<p class="story">...</p>
"""
'''
from bs4 import BeautifulSoup
soup = BeautifulSoup(html3,'lxml')
a = soup.find_all('a',limit=2)
print(a)
```

运行结果如下。

```
[<a class="shi" href="https://www.baidu.com/" id="link1">深坐蹙蛾眉。</a>,
<a class="shi" href="https://cn.bing.com/" id="link2">但见泪痕湿,</a>]
```

如果只需要第一个符合条件的节点，可以直接使用 find( ) 方法，因为 find_all( ) 会以递归的形式返回所有的节点，而 find( ) 只返回第一个，案例代码如下。

```
a2=soup.find('a')
print(a2)
```

运行结果如下。

```
<a class="shi" href="https://www.baidu.com/" id="link1">深坐蹙蛾眉。</a>
```

如果想要限制 find_all( )，只找寻次一层的子节点，添加 recursive=False 参数，代码如下。

```
a3= soup.find('a',recursive= False)
print(a3)
```

这样就返回为 None。因为 a 标签是 html 标签的孙节点，body 才是直接的子节点。在允许查询所有后代节点时，Beautiful Soup 能够查找到 a 标签，但是使用了 recursive=False 参数之后，只能查找直接子节点，这样就查不到 a 标签了。

5.5 find 方法搜索节点

find( ) 方法与 findall( ) 的区别是，find( ) 只返回匹配到的第一个结果。而 find_all( ) 则会将全部能够匹配到的结果返回。下面的这段代码将 HTML 转换为对象的 soup。

```
html3=''''
html_doc = """
<html><head><title>CSS 获取</title></head>
<body>
<p class="title"><b></b></p>
<p class="story">美人卷珠帘,</p>
<a href="https://www.baidu.com/" class="shi" id="link1">深坐蹙蛾眉。</a>,
<a href="https://cn.bing.com/" class="shi" id="link2">但见泪痕湿,</a> and
<a href="https://www.google.com/? hl=zh_CN" class="shi" id="link3">不知心恨谁。</a>;
and they lived at the bottom of a well.</p>
<p class="story">...</p>
"""
'''
from bs4 import BeautifulSoup
soup = BeautifulSoup(html3, 'lxml')
print(soup.prettify())
```

title 标签只有一个，那么使用 findall( ) 方法来查找 <title> 标签就不太合适。使用 findall 方法并设置 limit=1 参数，也可以直接使用 find( ) 方法。下面两种写法是一致的。

```
s=soup.find_all('title',limit=1)
s2=soup.find('title')
print(s)
print(s2)
```

运行结果如下。

```
[<title>CSS 获取</title>]
<title>CSS 获取</title>
```

唯一的区别是 find_all( ) 方法的返回结果是值包含一个元素的列表，而 find( ) 方法直接返回结果。find_all( ) 方法没有找到目标时，返回空列表，find( ) 方法找不到目标时，返回 None，案例代码如下。

```
s3=soup.find_all('efe')
print(s3)
s4=soup.find('dv')
print(s4)
```

运行结果如下。

```
[ ]
None
```

find 方法可以通过多次使用来找寻需要的标签，比如获取 a 标签，可以用两种写法实现，案例代码如下。

```
s5=soup.find('body').find('a')
print(s5)
s6=soup.body.a
print(s6)
```

运行结果如下。

```
a class="shi" href="https://www.baidu.com/" id="link1">深坐蹙蛾眉。</a>
<a class="shi" href="https://www.baidu.com/" id="link1">深坐蹙蛾眉。</a>
```

5.6 CSS 选择器

Beautiful Soup 支持大部分的 CSS 选择器，在标签 或 Beautiful Soup 对象的 select( ) 方法中传入字符串参数，即可使用 CSS 选择器的语法找到标签。此处依然通过一个例子来学习，案例代码如下。

```
html4=''
html_doc = """
<html><head><title>CSS 获取</title></head>
<body>
<p class="title"><b></b></p>
<p class="story">美人卷珠帘,</p>
<a href="https://www.baidu.com/" class="shi1" id="link1">深坐蹙蛾眉。</a>,
<a href="https://cn.bing.com/" class="shi" id="link2">但见泪痕湿,</a> and
<a href="https://www.google.com/? hl=zh_CN" class="shi2" id="link3">不知心恨谁。</a>
"""
'''
from bs4 import BeautifulSoup
soup = BeautifulSoup(html4,'lxml')
print(soup.prettify())
```

▶▶ 5.6.1 通过标签名查找

如果想要通过标签名查找，案例代码如下。

```
s=soup.select('title')
print(s)
```

运行结果如下。

```
[<title>CSS 获取</title>]
```

同理还可以查找 a 标签，案例代码如下。

```
s=soup.select('a')
print(s)
```

运行结果如下。

```
[<a class="shi1" href="https://www.baidu.com/" id="link1">深坐蹙蛾眉。</a>,
<a class="shi" href="https://cn.bing.com/" id="link2">但见泪痕湿,</a>,
<a class="shi2" href="https://www.google.com/? hl=zh_CN" id="link3">不知心恨谁。</a>]
```

通过标签逐层查找，案例代码如下。

```
s2=soup.select('body title')
print(s2)
```

运行结果如下。

```
[<title>CSS 获取</title>]
```

同理逐层查找 body 下的 a 标签，案例代码如下。

```
s2=soup.select('body a')
print(s2)
```

运行结果如下。

```
[<a class="shi1" href="https://www.baidu.com/" id="link1">深坐蹙蛾眉。</a>, <a class="shi" href="https://cn.bing.com/" id="link2">但见泪痕湿,</a>, <a class="shi2" href="ht-tps://www.google.com/? hl=zh_CN" id="link3">不知心恨谁。</a>]
s2=soup.select('body>a')
print(s2)
s2=soup.select('body>a')
```

该方法的效果等价于以下代码。

```
s2=soup.select('body>a')
print(s2)
```

注意：逐层查找，标签之间要有空格，或者中间用大于符号。

这里也可以通过属性添加 id 来选择，比如获取 p 标签中 id 为 link2 的标签，由于 p 标签在 body 标签下，所以代码如下。

```
s3=soup.select("body > #link2")
print(s3)
```

运行结果如下。

```
[<a class="shi" href="https://cn.bing.com/" id="link2">但见泪痕湿,</a>]
```

▶▶ 5.6.2　通过标签的类名查找

案例：查找类名为"shi2"的标签，代码如下。

```
s4=soup.select(".shi2")
print(s4)
```

运行结果如下。

[<a class="shi2" href="https://www.google.com/? hl=zh_CN" id="link3">不知心恨谁。</a>]

同理获取类名为"shi1"的标签，代码如下。

```
s5=soup.select(".shi1")
print(s5)
```

运行结果如下。

[<a class="shi1" href="https://www.baidu.com/" id="link1">深坐蹙蛾眉。</a>]

说明：获取类在对应的类名前加点，获取 id 在对应的标签前加井号。

▶▶ 5.6.3　通过标签的 id 查找

案例 1：获取 id 为 link2 的标签，代码如下。

```
s6=soup.select("#link2")
print(s6)
```

运行结果如下。

[<a class="shi" href="https://cn.bing.com/" id="link2">但见泪痕湿,</a>]

案例 2：获取 id 为 link3 的标签，代码如下。

```
s7=soup.select("#link3")
print(s7)
```

运行结果如下。

[<a class="shi2" href="https://www.google.com/? hl=zh_CN" id="link3">不知心恨谁。</a>]

案例 3：同时对多个包含 id 的标签进行查询，代码如下。

```
s8=soup.select("#link1,#link2")
print(s8)
```

运行结果如下。

[<a class="shi1" href="https://www.baidu.com/" id="link1">深坐蹙蛾眉。</a>, <a class="shi" href="https://cn.bing.com/" id="link2">但见泪痕湿,</a>]

▶▶ 5.6.4　通过属性查找

案例 1：获取 a 标签且包含 href 属性的标签，代码如下。

```
shu=soup.select('a[href]')
print(shu)
```

运行结果如下。

[<a class="shi1" href="https://www.baidu.com/" id="link1">深坐蹙蛾眉。</a>, <a class="shi" href="https://cn.bing.com/" id="link2">但见泪痕湿,</a>, <a class="shi2" href="https://www.google.com/? hl=zh_CN" id="link3">不知心恨谁。</a>]

案例 2：通过具体的属性值来匹配，代码如下。

```
shu2=soup.select('a[href="https://www.baidu.com/"]')
print(shu2)
```

运行结果如下。

```
[<a class="shi1" href="https://www.baidu.com/" id="link1">深坐蹙蛾眉。</a>]
```

一般更习惯利用第一种方式：标签［属性］。对于熟悉 CSS 选择器语法的人来说，这是一个非常方便的方法。BeautifulSoup 也支持 CSS 选择器 API。

5.7 实战一：爬取诗词网站

此处，以某网的《红楼梦》为例，地址为 https://www.shicimingju.com/book/hongloumeng.html。

单击鼠标右键，在弹出的快捷菜单栏中选择"检查"命令。首先查看每一章对应的标签，发现它们都在一个 li 标签中，如图 5-1 所示。

● 图 5-1　检查网页

单击 li 标签中的 href，就可以跳转到该章内容，如图 5-2 所示。

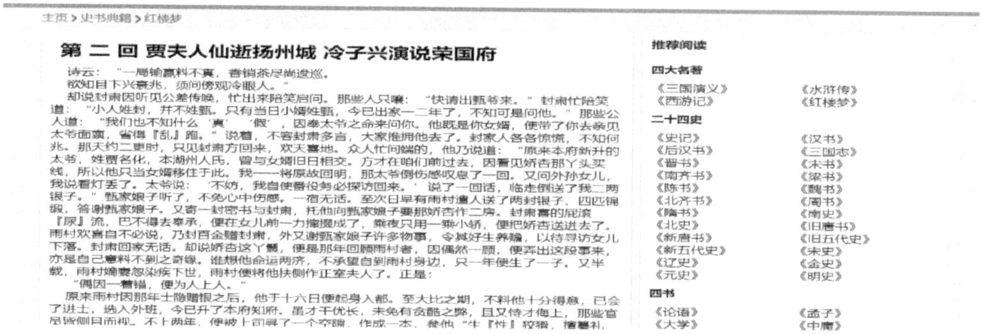

● 图 5-2　跳转到 href 中链接的内容

接着查看这一章内容在哪个标签中，经过检查发现每一章的内容都在<div class="chapter_content">这样一个标签中，如图 5-3 所示。

分析每一章内容对应的标签，可以看见每一章都在一个<div class="book-mulu">标签中，如

图 5-4 所示。

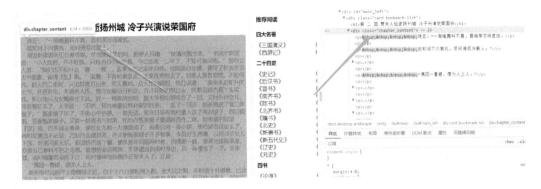

● 图 5-3　内容定位

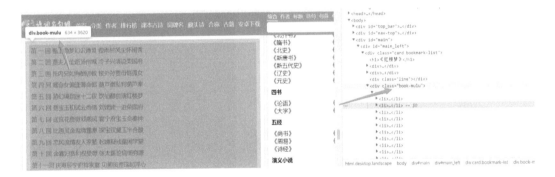

● 图 5-4　定位每一章

开始编写代码，首先获取主页代码，案例代码如下。

```
import requests
from bs4 import BeautifulSoup
url='https://www.shicimingju.com/book/hongloumeng.html'
headers={'user-agent':'Mozilla/5.0 (Linux; Android 6.0; Nexus 5 Build/MRA58N)
AppleWebKit/537.36 (KHTML, like Gecko) Chrome/99.0.4844.74 Mobile Safari/537.36'}
html=requests.get(url=url,headers=headers).content.decode('utf-8')
print(html)
```

运行结果如图 5-5 所示。

现在需要解析这个代码，首先需要对代码进行排版，案例代码如下。

```
from bs4 import BeautifulSoup
soup = BeautifulSoup(html, 'lxml')
print(soup.prettify())
```

运行结果如图 5-6 所示。

```
<div id="main">
    <div id="main_left">
        <div class="card bookmark-list">
            <h1>《红楼梦》</h1>
            <div>
                <img src="/public/image/book/hongloumeng.jpg" class="book-img">
                <p>年代，清</p>
                <p>作者，曹雪芹、高鹗</p>
                <p class="des">《红楼梦》，中国古典四大名著之首，清代作家曹雪芹创作的章回体长篇小说。早期仅有前八十回抄本流传，原名
《石头记》。程伟元搜集到后四十回残稿，邀请高鹗协同整理出版百二十回全本，定名《红楼梦》。亦有版本作《金玉缘》《脂砚斋重评石头记》。<br/>
《红楼梦》是一部具有世界影响力的伟大作品，举世公认的中国古典小说巅峰之作，中国封建社会的百科全书，传统文化的集大成者。小说以贾、王、
史、薛四大家族的兴衰为背景，以贾府的家庭琐事、闺阁闲情为中心，以贾宝玉、林黛玉、薛宝钗的爱情婚姻故事为主线，描写了金陵十二钗的人性美和
悲剧美，歌颂追求光明的叛逆者人物，通过叛逆者的悲剧命运预见封建社会必然走向灭亡，揭示出封建末世危机。</p>
                <div style="clear: both"></div>
            </div>
        </div>
        <form method="get" action="/book/chaxun/" style="float: right;">
            <input type="hidden" name="book_id" value="4">
```

● 图 5-5 运行结果（一）

```
<li>
    <a href="/book/hongloumeng/3.html">
        第 三 回 托内兄如海酬训教 接外孙贾母惜孤女
    </a>
</li>
<li>
    <a href="/book/hongloumeng/4.html">
        第 四 回 薄命女偏逢薄命郎 葫芦僧乱判葫芦案
    </a>
</li>
<li>
    <a href="/book/hongloumeng/5.html">
        第 五 回 游幻境指迷十二钗 饮仙醪曲演红楼梦
    </a>
</li>
<li>
    <a href="/book/hongloumeng/6.html">
        第 六 回 贾宝玉初试云雨情 刘姥姥一进荣国府
    </a>
```

● 图 5-6 运行结果（二）

先将目录定位获取下来，代码如下。

```
mulu=soup.find_all(class_='book-mulu')
print(mulu)
```

运行结果如图 5-7 所示，可以看到这是一个列表，每一章的内容都在里面。

也可以用 CSS 选择器的方法进行获取，代码如下。

```
mulu=soup.select('.book-mulu')
print(mulu)
```

输出结果与上述一样，可以先将列表提取出来查看，代码如下。

```
li=mulu[0]
print(li)
```

运行结果如图 5-8 所示。

接下来提取 href 属性和章节标题，因为每一章内容都在 li 标签下的 a 标签中，可以先查找出 a 标签，代码如下。

```
: mulu=soup.find_all(class_='book-mulu')
  print(mulu)

[<div class="book-mulu">
<ul>
<li><a href="/book/hongloumeng/1.html">第 一 回 甄士隐梦幻识通灵 贾雨村风尘怀闺秀</a></li><li><a href="/book/hongloumeng/2.html">第 二 回
贾夫人仙逝扬州城 冷子兴演说荣国府</a></li><li><a href="/book/hongloumeng/3.html">第 三 回 托内兄如海酬训教 接外孙贾母惜孤女</a></li><li><a
href="/book/hongloumeng/4.html">第 四 回 薄命女偏逢薄命郎 葫芦僧乱判葫芦案</a></li><li><a href="/book/hongloumeng/5.html">第 五 回 游幻境
指迷十二钗 饮仙醪曲演红楼梦</a></li><li><a href="/book/hongloumeng/6.html">第 六 回 贾宝玉初试云雨情 刘姥姥一进荣国府</a></li><li><a href
="/book/hongloumeng/7.html">第 七 回 送宫花贾琏戏熙凤 宴宁府宝玉会秦钟</a></li><li><a href="/book/hongloumeng/8.html">第 八 回 比通灵金莺
微露意 探宝钗黛玉半含酸</a></li><li><a href="/book/hongloumeng/9.html">第 九 回 恋风流情友入家塾 起嫌疑顽童闹学堂</a></li><li><a href="/bo
ok/hongloumeng/10.html">第 十 回 金寡妇贪利权受辱 张太医论病细穷源</a></li><li><a href="/book/hongloumeng/11.html">第十一回 庆寿辰宁府排家
宴 见熙凤贾瑞起淫心</a></li><li><a href="/book/hongloumeng/12.html">第十二回 王熙凤毒设相思局 贾天祥正照风月鉴</a></li><li><a href="/book/honglo
umeng/13.html">第十三回 秦可卿死封龙禁尉 王熙凤协理宁国府</a></li><li><a href="/book/hongloumeng/14.html">第十四回 林如海捐馆扬州城 贾宝玉
路谒北静王</a></li><li><a href="/book/hongloumeng/15.html">第十五回 王凤姐弄权铁槛寺 秦鲸卿得趣馒头庵</a></li><li><a href="/book/hongloume
ng/16.html">第十六回 贾元春才选凤藻宫 秦鲸卿夭逝黄泉路</a></li><li><a href="/book/hongloumeng/17.html">第十七回 大观园试才题对额 荣国府归
省庆元宵</a></li><li><a href="/book/hongloumeng/18.html">第十八回 隔珠帘父女勉忠勤 搦湘管姊弟裁题咏</a></li><li><a href="/book/hongloumen
g/19.html">第十九回 情切切良宵花解语 意绵绵静日玉生香</a></li><li><a href="/book/hongloumeng/20.html">第二十回 王熙凤正言弹妒意 林黛玉俏语
谑娇音</a></li><li><a href="/book/hongloumeng/21.html">第二十一回 贤袭人娇嗔箴宝玉 俏平儿软语救贾琏</a></li><li><a href="/book/hongloumen
g/22.html">第二十二回 听曲文宝玉悟禅机 制灯谜贾政悲谶语</a></li><li><a href="/book/hongloumeng/23.html">第二十三回 西厢记妙词通戏语 牡丹亭
艳曲警芳心</a></li><li><a href="/book/hongloumeng/24.html">第二十四回 醉金刚轻财尚义侠 痴女儿遗帕惹相思</a></li><li><a href="/book/honglou
meng/25.html">第二十五回 魇魔法叔嫂逢五鬼 红楼梦通灵遇双真</a></li><li><a href="/book/hongloumeng/26.html">第二十六回 蜂腰桥设言传密意 潇
湘馆春困发幽情</a></li><li><a href="/book/hongloumeng/27.html">第二十七回 滴翠亭杨妃戏彩蝶 埋香冢飞燕泣残红</a></li><li><a href="/book/honglou
meng/28.html">第二十八回 蒋玉菡情赠茜香罗 薛宝钗羞笼红麝串</a></li><li><a href="/book/hongloumeng/29.html">第二十九回 享福人福深还祷福 痴
情女情重愈斟情</a></li><li><a href="/book/hongloumeng/30.html">第三十回 宝钗借扇机带双敲 龄官划蔷痴及局外</a></li><li><a href="/book/hongl
oumeng/31.html">第三十一回 撕扇子作千金一笑 因麒麟伏白首双星</a></li><li><a href="/book/hongloumeng/32.html">第三十二回 诉肺腑心迷活宝玉
含耻辱情烈死金钏</a></li><li><a href="/book/hongloumeng/33.html">第三十三回 手足眈眈小动唇舌 不肖种种大承笞挞</a></li><li><a href="/book/h
ongloumeng/34.html">第三十四回 情中情因情感妹妹 错里错以错劝哥哥</a></li><li><a href="/book/hongloumeng/35.html">第三十五回 白玉钏亲尝莲叶
羹 黄金莺巧结梅花络</a></li><li><a href="/book/hongloumeng/36.html">第三十六回 绣鸳鸯梦兆绛芸轩 识分定情悟梨香院</a></li><li><a href="/boo
k/hongloumeng/37.html">第三十七回 秋爽斋偶结海棠社 蘅芜苑夜拟菊花题</a></li><li><a href="/book/hongloumeng/38.html">第三十八回 林潇湘魁夺菊花
诗 薛蘅芜讽和螃蟹咏</a></li><li><a href="/book/hongloumeng/39.html">第三十九回 村姥姥是信口开河 情哥哥偏寻根究底</a>
```

● 图 5-7　运行后得到的目录

```
: li=mulu[0]
  print(li)

<div class="book-mulu">
<ul>
<li><a href="/book/hongloumeng/1.html">第 一 回 甄士隐梦幻识通灵 贾雨村风尘怀闺秀</a></li><li><a href="/book/hongloumeng/2.html">第 二 回
贾夫人仙逝扬州城 冷子兴演说荣国府</a></li><li><a href="/book/hongloumeng/3.html">第 三 回 托内兄如海酬训教 接外孙贾母惜孤女</a></li><li><a
href="/book/hongloumeng/4.html">第 四 回 薄命女偏逢薄命郎 葫芦僧乱判葫芦案</a></li><li><a href="/book/hongloumeng/5.html">第 五 回 游幻境
指迷十二钗 饮仙醪曲演红楼梦</a></li><li><a href="/book/hongloumeng/6.html">第 六 回 贾宝玉初试云雨情 刘姥姥一进荣国府</a></li><li><a href
="/book/hongloumeng/7.html">第 七 回 送宫花贾琏戏熙凤 宴宁府宝玉会秦钟</a></li><li><a href="/book/hongloumeng/8.html">第 八 回 比通灵金莺
微露意 探宝钗黛玉半含酸</a></li><li><a href="/book/hongloumeng/9.html">第 九 回 恋风流情友入家塾 起嫌疑顽童闹学堂</a></li><li><a href="/bo
ok/hongloumeng/10.html">第 十 回 金寡妇贪利权受辱 张太医论病细穷源</a></li><li><a href="/book/hongloumeng/11.html">第十一回 庆寿辰宁府排家
宴 见熙凤贾瑞起淫心</a></li><li><a href="/book/hongloumeng/12.html">第十二回 王熙凤毒设相思局 贾天祥正照风月鉴</a></li><li><a href="/book/honglo
umeng/13.html">第十三回 秦可卿死封龙禁尉 王熙凤协理宁国府</a></li><li><a href="/book/hongloumeng/14.html">第十四回 林如海捐馆扬州城 贾宝玉
路谒北静王</a></li><li><a href="/book/hongloumeng/15.html">第十五回 王凤姐弄权铁槛寺 秦鲸卿得趣馒头庵</a></li><li><a href="/book/hongloume
ng/16.html">第十六回 贾元春才选凤藻宫 秦鲸卿夭逝黄泉路</a></li><li><a href="/book/hongloumeng/17.html">第十七回 大观园试才题对额 荣国府归
省庆元宵</a></li><li><a href="/book/hongloumeng/18.html">第十八回 隔珠帘父女勉忠勤 搦湘管姊弟裁题咏</a></li><li><a href="/book/hongloumen
g/19.html">第十九回 情切切良宵花解语 意绵绵静日玉生香</a></li><li><a href="/book/hongloumeng/20.html">第二十回 王熙凤正言弹妒意 林黛玉俏语
谑娇音</a></li><li><a href="/book/hongloumeng/21.html">第二十一回 贤袭人娇嗔箴宝玉 俏平儿软语救贾琏</a></li><li><a href="/book/hongloumen
g/22.html">第二十二回 听曲文宝玉悟禅机 制灯谜贾政悲谶语</a></li><li><a href="/book/hongloumeng/23.html">第二十三回 西厢记妙词通戏语 牡丹亭
```

● 图 5-8　运行结果（三）

```
a=li.find_all('a')
print(a)
```

这样实现了所有 a 标签在一个列表中，已经将其他的内容剔除，如图 5-9 所示。

接下来就是遍历得到每一个 a 标签的 href 属性和文本，可以看到 href 属性中并不是完整的链接，如图 5-10 所示。

完整的链接需要在 href 前面添加 https://www.shicimingju.com。所以需要对它们进行拼接，遍历获取，案例代码如下。

```
[5]: a=li.find_all('a')
     print(a)
```

[<a href="/book/hongloumeng/1.html">第 一 回 甄士隐梦幻识通灵 贾雨村风尘怀闺秀</a>, <a href="/book/hongloumeng/2.html">第 二 回 贾夫人仙逝扬州城 冷子兴演说荣国府</a>, <a href="/book/hongloumeng/3.html">第 三 回 托内兄如海荐西宾 接外孙贾母惜孤女</a>, <a href="/book/hongloumeng/4.html">第 四 回 薄命女偏逢薄命郎 葫芦僧乱判葫芦案</a>, <a href="/book/hongloumeng/5.html">第 五 回 游幻境指迷十二钗 饮仙醪曲演红楼梦</a>, <a href="/book/hongloumeng/6.html">第 六 回 贾宝玉初试云雨情 刘姥姥一进荣国府</a>, <a href="/book/hongloumeng/7.html">第 七 回 送宫花贾琏戏熙凤 宴宁府宝玉会秦钟</a>, <a href="/book/hongloumeng/8.html">第 八 回 比通灵金莺微露意 探宝钗黛玉半含酸</a>, <a href="/book/hongloumeng/9.html">第 九 回 恋风流情友入家塾 起嫌疑顽童闹学堂</a>, <a href="/book/hongloumeng/10.html">第 十 回 金寡妇贪利权受辱 张太医论病细穷源</a>, <a href="/book/hongloumeng/11.html">第十一回 庆寿辰宁府排家宴 见熙凤贾瑞起淫心</a>, <a href="/book/hongloumeng/12.html">第十二回 王熙凤毒设相思局 贾天祥正照风月鉴</a>, <a href="/book/hongloumeng/13.html">第十三回 秦可卿死封龙禁尉 王熙凤协理宁国府</a>, <a href="/book/hongloumeng/14.html">第十四回 林如海捐馆扬州城 贾宝玉路谒北静王</a>, <a href="/book/hongloumeng/15.html">第十五回 王凤姐弄权铁槛寺 秦鲸卿得趣馒头庵</a>, <a href="/book/hongloumeng/16.html">第十六回 贾元春才选凤藻宫 秦鲸卿夭逝黄泉路</a>, <a href="/book/hongloumeng/17.html">第十七回 大观园试才题对额 荣国府归省庆元宵</a>, <a href="/book/hongloumeng/18.html">第十八回 隔珠帘父女勉忠勤 搔谢管姊弟裁题咏</a>, <a href="/book/hongloumeng/19.html">第十九回 情切切良宵花解语 意绵绵静日玉生香</a>, <a href="/book/hongloumeng/20.html">第二十回 王熙凤正言弹妒意 林黛玉俏语谑娇音</a>, <a href="/book/hongloumeng/21.html">第二十一回 贤袭人娇嗔箴宝玉 俏平儿软语救贾琏</a>, <a href="/book/hongloumeng/22.html">第二十二回 听曲文宝玉悟禅机 制灯谜贾政悲谶语</a>, <a href="/book/hongloumeng/23.html">第二十三回 西厢记妙词通戏语 牡丹亭艳曲警芳心</a>, <a href="/book/hongloumeng/24.html">第二十四回 醉金刚轻财尚义侠 痴女儿遗帕惹相思</a>, <a href="/book/hongloumeng/25.html">第二十五回 魇魔法叔嫂逢五鬼 红楼梦通灵遇双真</a>, <a href="/book/hongloumeng/26.html">第二十六回 蜂腰桥设言传密意 潇湘馆春困发幽情</a>, <a href="/book/hongloumeng/27.html">第二十七回 滴翠亭杨妃戏彩蝶 埋香冢飞燕泣残红</a>, <a href="/book/hongloumeng/28.html">第二十八回 蒋玉菡情赠茜香罗 薛宝钗羞笼红麝串</a>, <a href="/book/hongloumeng/29.html">第二十九回 享福人福深还祷福 痴情女情重愈斟情</a>, <a href="/book/hongloumeng/30.html">第三十

● 图 5-9   a 标签获取运行结果

```
▼<li>
    <a href="/book/hongloumeng/1.html">第 一 回 甄士隐梦幻识通灵 贾雨村风尘怀闺秀
    </a>
                                    https://www.shicimingju.com/book/hongloumeng/1.html
  </li>
```

● 图 5-10   href 属性中并不是完整的链接

```
for i in a:
    title = i.string
    href=i['href']
    new_url = 'https://www.shicimingju.com' + href    #拼接
    print(new_url)
```

运行结果为每一章对应的链接与标题，如图 5-11 所示。

```
https://www.shicimingju.com/book/hongloumeng/1.html
第 一 回 甄士隐梦幻识通灵 贾雨村风尘怀闺秀
https://www.shicimingju.com/book/hongloumeng/2.html
第 二 回 贾夫人仙逝扬州城 冷子兴演说荣国府
https://www.shicimingju.com/book/hongloumeng/3.html
第 三 回 托内兄如海荐西宾 接外孙贾母惜孤女
https://www.shicimingju.com/book/hongloumeng/4.html
第 四 回 薄命女偏逢薄命郎 葫芦僧乱判葫芦案
https://www.shicimingju.com/book/hongloumeng/5.html
第 五 回 游幻境指迷十二钗 饮仙醪曲演红楼梦
https://www.shicimingju.com/book/hongloumeng/6.html
第 六 回 贾宝玉初试云雨情 刘姥姥一进荣国府
https://www.shicimingju.com/book/hongloumeng/7.html
第 七 回 送宫花贾琏戏熙凤 宴宁府宝玉会秦钟
https://www.shicimingju.com/book/hongloumeng/8.html
第 八 回 比通灵金莺微露意 探宝钗黛玉半含酸
https://www.shicimingju.com/book/hongloumeng/9.html
第 九 回 恋风流情友入家塾 起嫌疑顽童闹学堂
https://www.shicimingju.com/book/hongloumeng/10.html
```

● 图 5-11   遍历结果

记得需要对每一章单独再请求，得到具体内容，案例代码如下。

```
for i in a:
    title = i.string
```

```
    href=i['href']
    new_url ='https://www.shicimingju.com' + href    #拼接
    print(new_url)
    print(title)
    html=requests.get(url=new_url,headers=headers).content.decode('utf-8')
    new_soup=BeautifulSoup(html,'lxml')
    for  wenben in new_soup.find_all(class_='chapter_content'):
#              print(wenben.text)
             c=wenben.text
             with open(title +'.text', 'a', encoding='utf-8') as f:
                 f.write(c)
                 print('%s--章节下载成功！' % title)
```

运行结果如图 5-12 所示。

同级目录文件夹已经生成如下文件，如图 5-13 所示。

图 5-12　运行结果（四）	图 5-13　输出目录

如果觉得爬取太快，可以设置 time.sleep( )。以上每一章的 url 都很相似，比如：

- 第一回：https://www.shicimingju.com/book/hongloumeng/1.html
- 第二回：https://www.shicimingju.com/book/hongloumeng/2.html
- 第三回：https://www.shicimingju.com/book/hongloumeng/3.html

还可以用更简单的方法来写，因为每一章的链接都有规律，所以获取一章内容，构造如下：

```
import requests
i =1
url='https://www.shicimingju.com/book/hongloumeng/{}.html'.format(i)
print(url)
headers ={'user-agent':'Mozilla/5.0 (Linux; Android 6.0; Nexus 5 Build/MRA58N) AppleWebKit/
537.36 (KHTML, like Gecko) Chrome/99.0.4844.74 Mobile Safari/537.36}
html=requests.get(url=url,headers=headers).content.decode('utf-8')
print(html)
```

输出代码如图 5-14 所示。

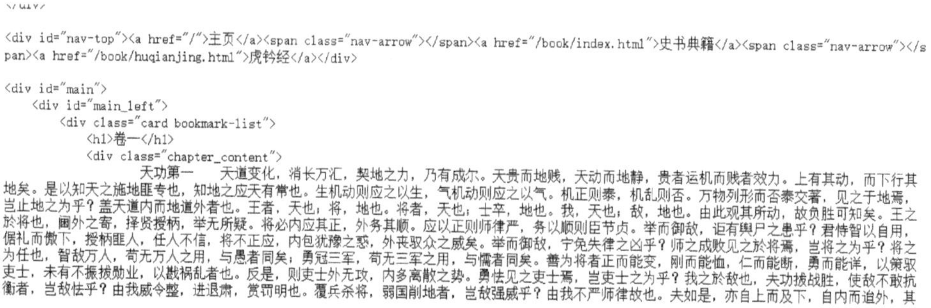

```
</div>

<div id="nav-top"><a href="/">主页</a><span class="nav-arrow"></span><a href="/book/index.html">史书典籍</a><span class="nav-arrow"></s
pan><a href="/book/huqianjing.html">虎钤经</a></div>

<div id="main">
    <div id="main_left">
        <div class="card bookmark-list">
            <h1>卷一</h1>
            <div class="chapter_content">
            天功第一    天道变化，消长万汇，契地之力，乃有成尔。天贵而地贱，天动而地静，贵者运机而贱者效力。上有其动，而下行其
地矣。是以知天之施地匪专也，知地之应天有常也。生机动则应之以生，气机动则应之以气。机正则泰，机乱则否。万物列形而否泰交著，见之于地焉，
岂止地之为乎？盖天道内而地道外者也。王者，天也；将，地也；将者，天也；士卒，地也。我，天也；敌，地也。由此观其所动，故负胜可知矣。王之
於将也，圉外之寄，择贤授柄，举无所疑。将必内应其正，外务其顺。应以正则师律严，务以顺则臣节贞。举而御敌，讵有舆尸之患乎？君恃智以自用，
偃礼而惟不信，任人不信，内包犹豫之惑，外丧驭众之威矣。举而御敌，宁免失律之凶乎？师之成败见之於将焉，岂将之为乎？将之
为任也，智敌万人，苟无万人之用，与愚者同矣，勇冠三军，苟无三军之用，与懦者同矣。善为将者正而能安，刚而能恤，仁而能服，勇而能详，以策驭
吏士，未有不振揽勋业，以戡祸乱者也。反是，则吏士外无功，内多离散之势。勇怯见之吏士焉，岂吏士之为乎？我之於敌也，夫功拔战胜，使敌不敢抗
衡者，岂敌怯乎？由我威令整，进退齐，赏罚明也。覆兵杀将，弱国削地者，岂敌强威乎？由我不严师律故也。夫如是，亦自上而及下，自内而迨外，其
```

• 图 5-14　输出代码

对网页代码进行排版，代码如下。

```
from bs4 import BeautifulSoup
soup = BeautifulSoup(html, 'lxml')
print(soup.prettify())
```

获取这一章内容，代码如下。

```
s = soup.find_all(class_='chapter_content')
print(s[0].get_text())
```

输出结果如图 5-15 所示。

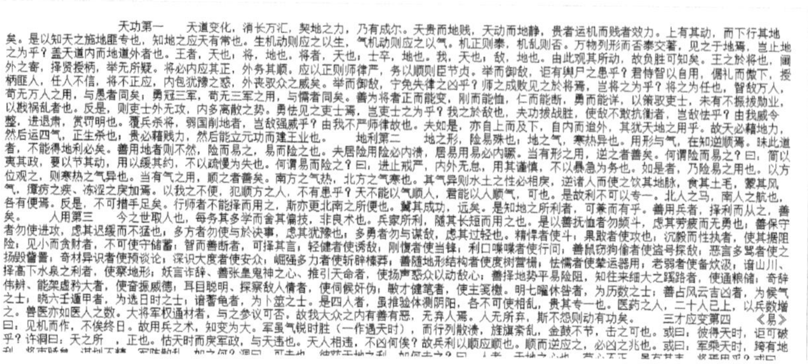

• 图 5-15　输出结果

我们的目的是要获取每一章的内容，从该内容中可以看到共有 120 章，所以只需要构造一个循环即可，案例代码如下。

```
import requests
import time
```

```
for i in range(1,121):
  url = 'https://www.shicimingju.com/book/hongloumeng/{}.html'.format(i)
  #    print(url)
  headers = {
    'user-agent': 'Mozilla/5.0 (Linux; Android 6.0; Nexus 5 Build/MRA58N) AppleWebKit/537.36
(KHTML, like Gecko) Chrome/99.0.4844.74 Mobile Safari/537.36'}
  html = requests.get(url=url, headers=headers).content.decode('utf-8')
  #    print(html)
  from bs4 import BeautifulSoup
  soup = BeautifulSoup(html,'lxml')
  #    print(soup.prettify())
  s = soup.find_all(class_='chapter_content')
  c = s[0].get_text()

  with open('第' + str(i) +'章.text', 'a', encoding='utf-8') as f:
    f.write(c)
    print('%s--章节下载成功！' % i)
  time.sleep(1)
```

打开保存的文件进行查看，如图 5-16 所示。

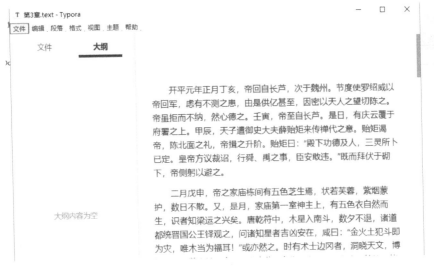

● 图 5-16　查看文件

5.8　实战二：爬取求职网站

目标网址为某网上海的求职岗位，地址为：https://search.51job.com/list/020000，000000，0000，00，9，99，Python，2，1.html，如图 5-17 所示。

● 图 5-17 某求职页面

首先，获取网页代码，案例代码如下。

```python
import requests
url='https://search.51job.com/list/020000,000000,0000,00,9,99,python,2,1.html'
headers = {
  'user-agent':'Mozilla/5.0 (Linux; Android 6.0; Nexus 5 Build/MRA58N) AppleWebKit/537.36
(KHTML, like Gecko) Chrome/99.0.4844.74 Mobile Safari/537.36'}
html = requests.get(url=url, headers=headers).content.decode('utf-8')
print(html)
```

接着对获取到的网页代码进行排版，案例代码如下。

```python
from bs4 import BeautifulSoup
soup = BeautifulSoup(html, 'lxml')
print(soup.prettify())
```

运行结果如图 5-18 所示。

```
<!DOCTYPE html>
<html>
 <head>
  <meta charset="utf-8"/>
  <meta content="telephone=no" name="format-detection"/>
  <meta content="width=device-width, initial-scale=1.0, maximum-scale=1.0, minimum-scale=1.0, user-scalable=no" name="viewport"/>
  <meta content="yes" name="apple-mobile-web-app-capable"/>
  <meta content="0" http-equiv="Expires"/>
  <meta content="always" name="referrer"/>
  <meta content="no-cache" http-equiv="Cache-Control"/>
  <meta content="no-cache" http-equiv="Pragma"/>
  <meta content="python,招聘,求职,工作,找工作,应聘,跳槽,高薪,兼职,实习,手机找工作,前程无忧手机网" name="keyword"/>
  <meta content="python招聘、求职,前程无忧手机网,为您提供python招聘信息,帮您找到适合你的公司,让手机找工作更方便。" name="description"/>
  <title>
   【python招聘】前程无忧手机网_触屏版
  </title>
  <link href="//js.51jobcdn.com/in/css/h5/dist/swiper.min.css?20220323" rel="stylesheet"/>
```

● 图 5-18 运行结果（一）

为了便于分析，获取其中一个信息，代码如下。

```
print(len(mu))
print(mu[0])
```

运行结果如下。

```
51
<a class="e e3"
href="https://msearch.51job.com/jobs/shanghai/137443722.html? jobtype=6_0&amp;rc=03">
<b class="jobid" jobtype="6_0" value="137443722"></b>
<i>1.5-2 万/月</i>
<strong><span>数仓工程师</span></strong>
<em>上海-浦东新区</em>
<p>外资(非欧美) |本科 |1 年</p>
<div class="tabs">
<span class="f1">五险一金</span>
<span class="f1">补充医疗保险</span>
<span class="f1">员工旅游</span>
<span class="f1">交通补贴</span>
</div>
<button class="btnbtn_jobid" jobtype="6_0" onclick="clicktoapply(this);return false;"
value="137443722">申请</button>
<aside>"前程无忧"51job.com(上海)</aside>
</a>
```

用 Beautiful Soup 来匹配，比如第一个指标，匹配岗位名称。由于这是一个列表，只是用第一个来分析，所以用循环输出所有，代码如下。

```
for i in mu:
    gang=i.strong.span.text    #岗位获取
    print(gang)
```

运行结果如图 5-19 所示。

```
数仓工程师
Python开发工程师
Python开发工程师
Python开发工程师(W03588)
python开发工程师(J10648)
Python开发工程师
Python后端软件工程师
Python开发工程师
Python开发工程师
Python开发工程师(中高级)
Python算法工程师
Python开发工程师
Python开发工程师（odoo）
Python/C#开发工程师
Python后端开发工程师（14薪）
Python开发工程师
Python开发工程师
Python开发工程师
Python及数据库开发工程师
Python开发工程师
Python ROS移动机器人开发工程师
高级Python工程师
Python开发工程师
java/python开发工程师
Python开发工程师
Python/Golang 物联网工程师（工作地点无锡）
Python开发工程师
高级量化交易系统开发工程师（Python）
Python开发工程师
```

● 图 5-19　运行结果（二）

下面来匹配工作福利，因为这里可以看到所有福利都在 class = " fl" >中，因此直接用 class 定位即可，代码如下。

```
for i in mu:
#    gang=i.strong.span.text    #岗位获取
    fu=i.find_all(class_='fl') #福利获取
    print(fu)
```

运行结果如图 5-20 所示。

```
[<span class="fl">五险一金</span>, <span class="fl">补充医疗保险</span>, <span class="fl">员工旅游</span>, <span class="fl">交通补贴</span>]
[<span class="fl">五险一金</span>, <span class="fl">专业培训</span>, <span class="fl">弹性工作</span>]
[<span class="fl">五险一金</span>, <span class="fl">带薪年假</span>, <span class="fl">节日福利</span>, <span class="fl">加班补贴</span>]
[<span class="fl">五险一金</span>, <span class="fl">绩效奖金</span>, <span class="fl">弹性工作</span>, <span class="fl">节日福利</span>]
[<span class="fl">五险一金</span>, <span class="fl">员工旅游</span>, <span class="fl">餐饮补贴</span>, <span class="fl">通讯补贴</span>]
[]
[<span class="fl">五险一金</span>, <span class="fl">绩效奖金</span>, <span class="fl">弹性工作</span>, <span class="fl">生日福利</span>]
[]
[<span class="fl">五险一金</span>, <span class="fl">补充医疗保险</span>, <span class="fl">员工旅游</span>, <span class="fl">餐饮补贴</span>]
[<span class="fl">补充医疗保险</span>, <span class="fl">五险一金</span>, <span class="fl">定期体检</span>, <span class="fl">绩效奖金</span>]
[<span class="fl">五险一金</span>, <span class="fl">定期体检</span>, <span class="fl">绩效奖金</span>, <span class="fl">年终奖金</span>]
```

● 图 5-20　运行结果（三）

为了看得更清楚，复制出其中一个：

[<span class="fl">五险一金</span>, <span class="fl">补充医疗保险</span>, <span class="fl">员工旅游</span>, <span class="fl">交通补贴</span>]

可以看到输出的是一个列表，每一个工作的福利都在一个列表中，而且列表中是各个标签，这是不想看到的，只想要里面的文本，所以遍历列表获取文本，案例代码如下。

```
for i in mu:
#    gang=i.strong.span.text    #岗位获取
    fu=i.find_all(class_='fl') #福利获取
#    print(fu)
    for f in fu:
        fur=f.string
        print(fur)
```

输出结果如下。

做五休二
弹性工作
带薪年假
五险一金
做五休二
弹性工作
带薪年假
五险一金
做五休二

弹性工作
带薪年假
……

接下来匹配工资，分析工资位置，为了具有可靠性，以第三个位置的岗位信息来分析，案例代码如下。

```
print(mu[2])
```

输出结果如下。

```
<a class="e e3"
href="https://msearch.51job.com/jobs/shanghai/138998304.html? jobtype=0_0&amp;rc=03">
<b class="jobid" jobtype="0_0" value="138998304"></b>
<i>0.8-1.2 万/月</i>
<strong><span>Python 开发工程师</span></strong>
<em>上海-徐汇区</em>
<p>外资(非欧美) | 大专 | 2 年</p>
<div class="tabs">
<span class="fl">五险一金</span>
<span class="fl">带薪年假</span>
<span class="fl">节日福利</span>
<span class="fl">加班补贴</span>
</div>
<button class="btnbtn_jobid" jobtype="0_0" onclick="clicktoapply(this);return false;"
value="138998304">申请</button>
<aside>百脑汇(中国)投资有限公司</aside>
</a>
```

从上述可见每一个岗位信息格式是一样的，工资信息可以在如下标签获得：

```
<i>0.8-1.2 万/月</i>
```

因此获取工资信息的代码如下。

```
for i in mu:
xin=i.i.string
    print(xin)
```

运行结果如下。

1.5-2 万/月
1.2-2 万/月
0.8-1.2 万/月
1.5-2 万/月
0.8-1.1 万/月
2.5-5 万/月
1.3-2 万/月
1-1.5 万/月
1.5-1.8 万/月
1-2 万/月

1.2-1.8 万/月

1.2-2 万/月

1-1.5 万/月

1-2 万/月

......

接着进行匹配，可以看到如下的标签：

<aside>百脑汇(中国)投资有限公司</aside>

因此编写匹配的代码如下。

```
for i in mu:
    con=i.aside.string
    print(con)
```

运行结果如下。

"前程无忧"51job.com(上海)

上海锐赢信息技术有限公司

百脑汇(中国)投资有限公司

上海向心云网络科技有限公司

广州嘉为科技有限公司

壹沓科技(上海)有限公司

舒医汇(上海)网络科技有限公司

上海华铭智能终端设备股份有限公司

德威国际货运代理(上海)有限公司

迪爱斯信息技术股份有限公司

上海海宇信息技术有限公司

上海弈倍私募基金管理有限公司

上海缔塔科技有限公司

......

此时将注释掉的部分取消，全部代码如下。

```
for i in mu:
    con=i.aside.string # 公司获取
    print(con)
    gang=i.strong.span.text    #岗位获取
    xin=i.i.string   #薪水获取
    print(xin)
    fu=i.find_all(class_='fl') #福利获取
#  print(fu)
    for f in fu:
        fur=f.string
#        print(fur)
    print(gang)
```

现在要将数据合并，每一个列表放一个公司数据，案例代码如下。

```
for i in mu:
    data=[]
```

```
con=i.aside.string # 公司获取
data.append(con)
gang=i.strong.span.text    #岗位获取
data.append(gang)
xin=i.i.string    #薪水获取
data.append(xin)
fu=i.find_all(class_='fl') #福利获取
for f in fu:
    fur=f.string
    data.append(fur)
print(data)
```

运行结果如图 5-21 所示。

```
['"前程无忧" 51job.com (上海)', '数仓工程师', '1.5-2万/月', '五险一金', '补充医疗保险', '员工旅游', '交通补贴']
['上海锐赢信息技术有限公司', 'Python开发工程师', '1.2-2万/月', '五险一金', '专业培训', '弹性工作']
['百脑汇 (中国) 投资有限公司', 'Python开发工程师', '0.8-1.2万/月', '五险一金', '带薪年假', '节日福利', '加班补贴']
['上海向心云网络科技有限公司', 'Python开发工程师 (W03588)', '1.5-2万/月', '五险一金', '绩效奖金', '弹性工作', '节日福利']
['广州嘉为科技有限公司', 'python开发工程师(J10648)', '0.8-1.1万/月', '五险一金', '员工旅游', '餐饮补贴', '通讯补贴']
['壹沓科技 (上海) 有限公司', 'Python开发工程师', '2.5-5万/月']
['舒医汇 (上海) 网络科技有限公司', 'Python后端软件工程师', '1.3-2万/月', '五险一金', '绩效奖金', '弹性工作', '生日福利']
['上海华铭智能终端设备股份有限公司', 'Python开发工程师', '1-1.5万/月']
['德威国际货运代理 (上海) 有限公司', 'Python开发工程师', '1.5-1.8万/月', '五险一金', '补充医疗保险', '员工旅游', '餐饮补贴']
['迪爱斯信息技术股份有限公司', 'Python开发工程师(中高级)', '1-2万/月', '补充医疗保险', '五险一金', '定期体检', '绩效奖金']
['上海海宇信息技术有限公司', 'Python算法工程师', '1.2-1.8万/月', '五险一金', '定期体检', '绩效奖金', '年终奖金']
['上海弈倍私募基金管理有限公司', 'Python开发工程师', '1.2-2万/月', '五险一金', '周末双休']
['上海绅塔科技有限公司', 'Python开发工程师 (odoo)', '1-1.5万/月', '五险一金', '定期体检', '专业培训', '员工旅游']
['上海纳恩汽车技术股份有限公司', 'Python/C#开发工程师', '1-2万/月', '五险一金', '免费班车', '员工旅游', '交通补贴']
['上海数药信息技术有限公司', 'Python后端开发工程师 (14薪)', '1.5-2.5万/月', '五险一金', '补充医疗保险', '补充公积金', '交通补贴']
['上海瑞和财务管理有限公司', 'Python开发工程师', '1.5-2万/月', '做五休二', '带薪年假', '五险一金', '绩效奖金']
['上铁互联信息技术江苏有限公司', 'Python开发工程师', '1.5-2万/月', '五险一金', '补充医疗保险', '补充公积金', '交通补贴']
['吉萨特自动化技术 (上海) 有限公司', 'Python开发工程师', '1.2-1.5万/月', '五险一金', '定期体检', '绩效奖金', '通信补贴']
['上海弘连网络科技有限公司', 'Python开发工程师', '1-2万/月', '五险一金', '弹性工作', '年终奖金', '定期体检']
['上海孝庸资产管理有限公司', 'Python及数据库开发工程师', '1.5-2.5万/月', '五险一金', '带薪年假', '餐饮补贴', '节日福利']
['上海虹迪物流科技有限公司', 'Python开发工程师', '0.8-1.3万/月', '五险一金', '绩效奖金', '高温补贴', '带薪年假']
```

● 图 5-21　运行结果（四）

如果要获取多页，可以分析每一页网址的规律看看。

1）第一页：https://search.51job.com/list/020000, 000000, 0000, 00, 9, 99, Python, 2, 1.html

2）第二页：https://search.51job.com/list/020000, 000000, 0000, 00, 9, 99, Python, 2, 2.html

3）第三页：https://search.51job.com/list/020000, 000000, 0000, 00, 9, 99, Python, 2, 3.html

由上述可见规律为：

```
https://search.51job.com/list/020000,000000,0000,00,9,99,Python,2,% d.html
```

因此只需要遍历获取信息即可，案例代码如下。

```
import requests
from bs4 import BeautifulSoup
import time
page = int(input('请输入需要爬取多少页:'))
for i in range(1, page):
    url = 'https://search.51job.com/list/020000,000000,0000,00,9,99,python,2,{}.html'.format(i)
```

```python
headers = {
  'user-agent': 'Mozilla/5.0 (Linux; Android 6.0; Nexus 5 Build/MRA58N) AppleWebKit/537.36
(KHTML, like Gecko) Chrome/99.0.4844.74 Mobile Safari/537.36'}
html = requests.get(url=url, headers=headers).content.decode('utf-8')
soup = BeautifulSoup(html, 'lxml')
mu = soup.find_all(class_='e')
for i in mu:
  data = []
  con = i.aside.string   #公司获取
  data.append(con)
  gang = i.strong.span.text   #岗位获取
  data.append(gang)
  xin = i.i.string   #薪水获取
  data.append(xin)
  fu = i.find_all(class_='fl')   #福利获取

  for f in fu:
    fur = f.string
    data.append(fur)
    print(data)
  time.sleep(1)
```

运行结果如图 5-22 所示。

• 图 5-22 运行结果（五）

本章所有代码可以在 Github 开源仓库下载，地址为 https://github.com/sfvsfv/Crawer。

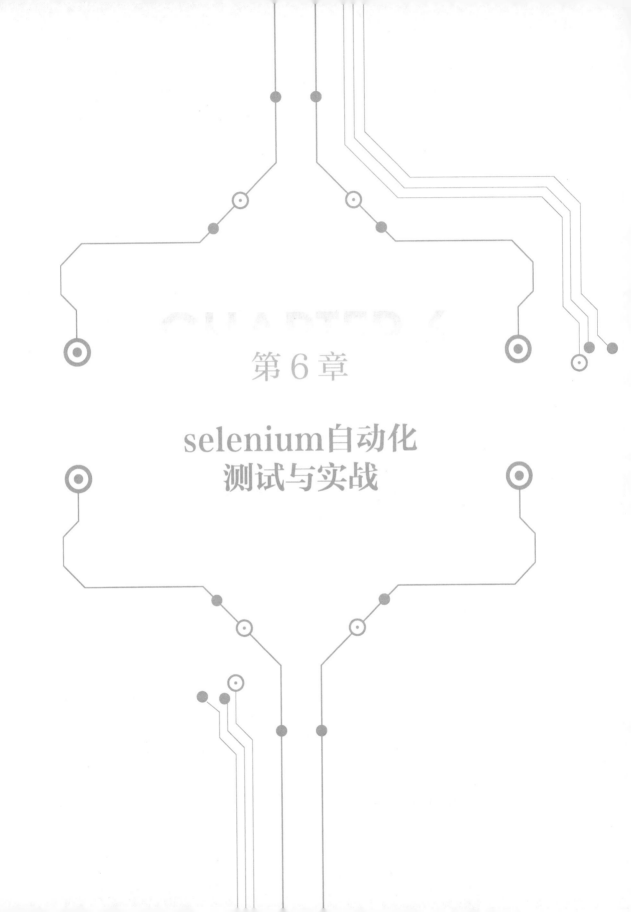

第 6 章

selenium自动化
测试与实战

selenium 是一个强大的工具，可通过程序控制 Web 浏览器并执行浏览器自动化。它适用于所有浏览器，以及大部分操作系统，其脚本是用各种语言编写的，例如 Python、Java、C#等，本书将使用 Python 进行学习。本章以谷歌浏览器为例进行讲解。

6.1 环境搭建

环境搭建分两个步骤，具体如下。

1）模块安装。

2）驱动器配置。

第一步：模块安装。笔者安装的 selenium 版本为 3.141.0，请确保读者的版本为 3，笔者写作的时候，市面上刚出现了版本 4，可能会有一点差异。请使用模块安装命令：pip install selenium＝＝3.14.0。

第二步：驱动器配置，具体步骤如下。

查看 chrome 版本，输入命令到谷歌浏览器并按回车键：chrome：//version/，如图 6-1 所示。

```
↻  ⊙ Chrome | chrome://version

Google Chrome:  99.0.4844.51 (正式版本) (64 位) (cohort: Stable) 📋
     修订版本:   d537ec02474b5afe23684e7963d538896c63ac77-refs/branch-
                heads/4844@ {#875}
     操作系统:   Windows Server OS Version 1809 (Build 17763.1518)
   JavaScript:  V8 9.9.115.8
   用户代理:     Mozilla/5.0 (Windows NT 10.0; Win64; x64) AppleWebKit/537.36
                (KHTML, like Gecko) Chrome/99.0.4844.51 Safari/537.36
   命令行:       "C:\Program Files\Google\Chrome\Application\chrome.exe" --flag-
                switches-begin --flag-switches-end --origin-trial-disabled-
                features=ConditionalFocus
 可执行文件路径:  C:\Program Files\Google\Chrome\Application\chrome.exe
 个人资料路径:    C:\Users\Administrator\AppData\Local\Google\Chrome\User
                Data\Default
   其他变体:     313957be-ca7d8d80
                c264dd48-7bf75136
                d091df45-ca7d8d80
```

● 图 6-1　查看浏览器版本

上图可以看到作者的浏览器版本为 99.0.4844.51，谷歌浏览器的驱动器下载地址为 https://chromedriver.chromium.org/downloads。

进入后选择与浏览器相同的版本驱动器，如图 6-2 所示。

Current Releases

- If you are using Chrome version 100, please download ChromeDriver 100.0.4896.20
- If you are using Chrome version 99, please download ChromeDriver 99.0.4844.51
- If you are using Chrome version 98, please download ChromeDriver 98.0.4758.102
- For older version of Chrome, please see below for the version of ChromeDriver that supports it.

If you are using Chrome from Dev or Canary channel, please following instructions on the ChromeDriver Canary

For more information on selecting the right version of ChromeDriver, please see the Version Selection page.

ChromeDriver 100.0.4896.20

● 图 6-2　选择浏览器对应版本

进入后单击 win32 的下载即可（笔者编码环境为 Windows），如图 6-3 所示。

● 图 6-3　驱动器版本下载

单击后就会下载，解压后得到 exe 文件，复制该 exe 文件路径并加入环境变量，如图 6-4 所示。

● 图 6-4　驱动器所在路径

添加到环境变量后单击"确定"按钮即可，如图 6-5 所示。

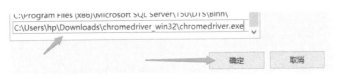

● 图 6-5　添加环境

查看是否配置成功，在 cmd 中（命令提示符）输入命令：chromedriver，按回车键后如图 6-6 所示，代表配置成功了。

● 图 6-6　配置检验

6.2 单个元素定位

selenium 有 8 种单个元素定位的方法，具体如下所示。

1）findelementby_id( )。

2）findelementby_name( )。

3）findelementbyclassname( )。

4）findelementbytagname( )。

5）findelementbylinktext( )。

6）findelementbypartiallink_text( )。

7）findelementby_xpath( )。

8）findelementbycssselector( )。

▶▶ 6.2.1 id 定位

笔者以某搜索网为例，地址为 https://cn.bing.com/？mkt＝zh-CN，单击鼠标右键，在弹出的快捷菜单栏中选择"检查"命令，如图 6-7 所示。

● 图 6-7　某搜索网页

为了便于观看，笔者把定位到搜索部分的网页单独截屏出来，如图 6-8 所示。

```
<input id="sb_form_q" class="sb_form_q" name="q" type="search" maxlength="1000" autocomplete="off"
aria-label="Enter your search term" autofocus aria-controls="sw_as" aria-autocomplete="both" aria-
owns="sw_as"> == $0
```

● 图 6-8　搜索框代码

可以很清楚地看到包含 id 的这一部分代码如下。

```
<input id="sb_form_q" class="sb_form_q" name="q" type="search"
```

现在定位并在搜索框输入一段内容，案例代码如下。

```
from selenium import webdriver
driver = webdriver.Chrome()
```

```
driver.get('https://cn.bing.com/? mkt=zh-CN') # 打开网页
driver.find_element_by_id('sb_form_q').send_keys('川川菜鸟')
```

运行效果如图 6-9 所示。

● 图 6-9　运行效果

补充知识：除了定位知识以外，填写信息用到的函数为 send_keys( )。这种操作一般是先定位到需要填写的位置，再使用该函数填写内容。

▶▶ 6.2.2　name 定位

name 定位搜索框并输入内容，代码如下所示。

```
from selenium import webdriver
driver = webdriver.Chrome()
driver.get('https://cn.bing.com/? mkt=zh-CN')
driver.find_element_by_id('sb_form_q').send_keys('川川菜鸟')
```

▶▶ 6.2.3　class_name 定位

class_name 定位搜索框并输入内容，代码如下所示。

```
from selenium import webdriver
driver = webdriver.Chrome()
driver.get('https://cn.bing.com/? mkt=zh-CN')
driver.find_element_by_class_name('sb_form_q').send_keys('川川菜鸟')
```

再来看一个复制的案例，例如输入内容后单击搜索，然后定位搜索框，如图 6-10 所示。

● 图 6-10　定位搜索框

代码如下所示。

```
from selenium import webdriver
from selenium.webdriver import ActionChains
driver = webdriver.Chrome()
driver.get('https://cn.bing.com/? mkt=zh-CN')  # get 请求
driver.find_element_by_id('sb_form_q').send_keys('川川菜鸟')
# click 点击事件
b = driver.find_element_by_class_name('search')
ActionChains(driver).click(b).perform()
```

运行效果如图 6-11 所示。

● 图 6-11　运行效果

再举一个例子，有如下一段代码。

```
<html>
<body>
<p class="content">我爱 python! </p>
</body>
</html>
```

如果定位 p 标签，代码可以为 driver.find_element_by_class_name('content')。

以上三个案例分别使用了 id、name、classname 定位某搜索网的文本搜索框。sendkeys( ) 用于向文本框输入内容。读者需要注意的是，在网页中一般 id 和 name 是唯一的，优先使用这两个，而 class_name 则可能是不唯一的。引入点击事件的库为 ActionChains，使用 ActionChains（driver).click（b).perform( )形式对定位后的元素 b 进行点击操作。

▶▶ 6.2.4　link_text 定位

换一个目标，以某网为例，地址为 https://www.taobao.com/，定位女装，如图 6-12 所示。女装部分的网页代码如图 6-13 所示。

link_text 定位需要完全匹配才可以，因此定位代码如下所示。

```
from selenium import webdriver  # 导入模块
browser = webdriver.Chrome()  # 初始化
```

```
browser.get('https://www.taobao.com')  # get 请求某网页
href = browser.find_element_by_link_text('女装')  # 文本定位女装
print(href)
```

● 图 6-12　检查网页

● 图 6-13　定位内容

或者定位零食，检查定位，如图 6-14 所示。

● 图 6-14　检查定位

代码实践如下所示。

```
from selenium import webdriver    # 导入模块
browser = webdriver.Chrome()    # 初始化
browser.get('https://www.taobao.com')  # get 请求某网页
href = browser.find_element_by_link_text('零食')  # 文本定位零食
print(href)
```

执行效果如图 6-15 所示。

● 图 6-15　执行效果

▶▶ 6.2.5 tag_name 定位

tag_name 定位标签名称，例如定位某网搜索框，网页检查定位如图 6-16 所示。

● 图 6-16　网页检查定位

根据以上代码定位，可以编写定位代码，如下所示。

```python
from selenium import webdriver    # 导入模块
browser = webdriver.Chrome()    # 初始化
browser.get('https://www.taobao.com')    # get 请求某网页
biao = browser.find_element_by_tag_name('input')
print(biao)
```

执行结果如图 6-17 所示。

● 图 6-17　执行结果

再举一个例子，有以下的一段 HTML 代码。

```html
<html>
<body>
<h1>python</h1>
<p>我爱 python! </p>
```

```
    </body>
    </html>
```

定位 h1 这个标签，可以为 driver.find_element_by_tag_name（'h1'）。

▶▶ 6.2.6　XPath 定位

使用 XPath 定位搜索框填写内容，并单击搜索。如果对 XPath 语法不熟悉，可以直接单击鼠标右键，在弹出的快捷菜单栏中选择"复制"命令，再选择"复制 XPath"命令，如图 6-18 所示。

● 图 6-18　复制 XPath

因此编写代码如下。

```
from selenium import webdriver
from selenium.webdriver import ActionChains
driver = webdriver.Chrome()
driver.get('https://cn.bing.com/? mkt=zh-CN')   # get 请求
driver.find_element_by_xpath('//*[@id="sb_form_q"]').send_keys('川川菜鸟')
# click 点击事件
b = driver.find_element_by_class_name('search')
ActionChains(driver).click(b).perform()
```

▶▶ 6.2.7　通过 CSS 定位

依然以某搜索网为例，检查网页定位，如图 6-19 所示。

```
<div class= a4b1t  jscontroller= tkstwe  jsname= gLfyf  jsaction= focus.uryqur,touchstart.uchurt,input.dJJqcu >  flex
  <input class="gLFyf" jsaction="paste:puy29d" maxlength="2048" name="q" type="search" aria-autocomplete="both" aria-
  haspopup="false" autocapitalize="off" autocomplete="off" autocorrect="off" role="combobox" spellcheck="false" tabindex="0"
  title="Search" value="bing" aria-label="Search" data-ved="0ahUKEwj64OrP6Mr2AhVaH0QIHag4AjIQ39UDCBE">  flex  == $0
```

● 图 6-19　检查网页定位

定位搜索框并填写内容，代码实现如下所示。

```
from selenium import webdriver
driver = webdriver.Chrome()
driver.get('https://cn.bing.com/? mkt=zh-CN')
driver.find_element_by_css_selector('[name=q]').send_keys('川川菜鸟')
```

在这里，需要补充一点 CSS 选择器的常用语法，以帮助读者加深理解。如用 XPath 和 CSS 分别定位 id 为 input 的元素，区别如下。

```
XPath://div[@id='example']
CSS: #example
```

这里以定位一个 a 标签为例，XPath 和 CSS 的区别如下。

```
XPath://div/a
CSS: div > a
```

如果一个元素可能在另一个元素或它的一个子元素中，则它在 XPath 中使用 "//"，而在 CSS 中仅使用空格，区别如下。

```
XPath://div//a
CSS: div a
```

用 class 定位，XPath 使用 "〔@class='example'〕"，而在 CSS 中只是 "."，区别如下。

```
XPath://div[@class='example']
CSS: .example
```

▶▶ 6.2.8 使用 By 类定位

在前文的小节中，分别介绍了 id、name、xpath、classname、linktext、tagname、xpath、css 等元素，它们在 By 类中分别对应 By.ID、By.NAME、By.XPATH、By.CLASSNAME、By.LINKTEXT、By.TAGNAME、By.CSSCSSSELECTOR。它们是等效的，这里举一个例子帮助读者理解，使用 By 类对引擎搜索框定位并输入内容，代码如下。

```
from selenium import webdriver
from selenium.webdriver.common.by import By   # 导入 By 类
driver = webdriver.Chrome()
driver.get('https://cn.bing.com/? mkt=zh-CN')
driver.find_element(By.ID, 'sb_form_q').send_keys('python')
```

运行效果如图 6-20 所示。

• 图 6-20　运行效果

By 类的语法几乎跟前面学习的一样，因此不做多余的讲解，格式为：find_element（By.ID,＇sb_form_q＇）。

▶▶ 6.2.9　总结

现在把某网搜索框这一部分内容复制出来给读者总结规律，如图 6-21 所示。

● 图 6-21　网页代码

定位部分网页代码如下所示。

```
<html>
<head>
<body >
<a id="result_logo" href="/" onmousedown="return c({'fm':'tab','tab':'logo'})">
<form id="form" class="fm" name="f" action="/s">
<span class="soutu-btn"></span>
<input id="kw" class="s_ipt" name="wd" value="" maxlength="255" autocomplete="off">
```

定位 input 标签的文本输入框 input 部分，通过 id 定位，代码如下所示。

```
driver.find_element_by_id("kw")
```

通过 name 定位，代码如下所示。

```
driver..find_element_by_name("wd")
```

通过 class name 定位，代码如下所示。

```
driver.find_element_by_class_name("s_ipt")
```

通过 tag_name 定位，代码如下所示。

```
driver..find_element_by_tag_name("input")
```

通过 XPath 定位，写法不唯一，仅作为参考，代码如下所示。

```
driver.find_element_by_xpath(//*[@id="kw"])
driver.find_element_by_xpath("//*[@name='wd']")
driver.find_element_by_xpath("//input[@class='s_ipt']")
```

通过 CSS 定位，写法不唯一，代码如下所示。

```
driver.find_element_by_xpath("#kw")
driver.find_element_by_xpath("[name=wd]")
driver.find_element_by_xpath(".s_ipt")
```

也可以直接复制 CSS，如图 6-22 所示。

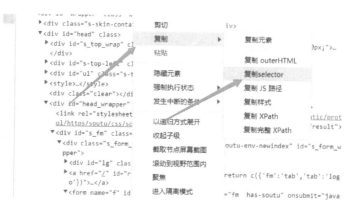

● 图 6-22　复制 CSS

通过文本和链接定位，例如有以下一段网页代码。

```
<html>
<body>
<p>我爱学习</p>
<a href="https://www.csdn.net/">CSDN</a>
<a href="https://www.zhihu.com/">zhihu</a>
</body>
</html>
```

通过 link text 定位 CSDN 链接，代码如下所示。

```
driver.find_element_by_link_text('csdn')
```

定位知乎链接，代码如下所示。

```
driver.find_element_by_link_text('zhihu')
```

通过 partiallinktext 定位知乎，代码如下所示。

```
driver.find_element_by_partial_link_text('zhihu')
```

6.3　元素等待

适当加入元素等待，可以降低一定的出错率，有时候会遇到这种情况，虽然定位元素已经成功

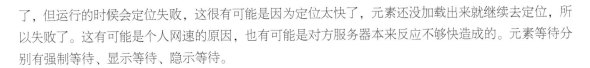

了，但运行的时候会定位失败，这很有可能是因为定位太快了，元素还没加载出来就继续去定位，所以失败了。这有可能是个人网速的原因，也有可能是对方服务器本来反应不够快造成的。元素等待分别有强制等待、显示等待、隐示等待。

▶▶ 6.3.1　强制等待

强制等待使用 time 模块中的 sleep( )方法，比如在定位某搜索引擎的时候，输入内容必须等待两秒后，才能进行下一次定位，代码如下所示。

```
from selenium import webdriver
import time
from selenium.webdriver import ActionChains
driver = webdriver.Chrome()
driver.get('https://cn.bing.com/? mkt=zh-CN')
driver.find_element_by_id('sb_form_q').send_keys('川川菜鸟')
time.sleep(2)
b = driver.find_element_by_class_name('search')
ActionChains(driver).click(b).perform()
```

▶▶ 6.3.2　显示等待

显示等待的意思是等待某个特定条件成立后，才会执行下一步操作。如果达不到条件，就会一直等待，除非在规定时间内一直没找到，这样会抛出错误。显示等待用到的是 WebDriverWait( )这个类的方法。依然以某引擎搜索框为例，代码如下所示。

```
from selenium import webdriver
from selenium.webdriver.common.by import By
from selenium.webdriver.support.ui import WebDriverWait #导入 WebDriverWait 类
from selenium.webdriver.support import expected_conditions as EC
driver = webdriver.Chrome()
driver.get('https://cn.bing.com/? mkt=zh-CN')   # get 请求
try:
    element = WebDriverWait(driver, 10).until(
        EC.presence_of_element_located((By.XPATH, '//*[@id="sb_form_q"]'))
    )
    element.send_keys('python')
finally:
    driver.quit()
```

WebDriverWait 的语法为：

```
WebDriverWait(driver, timeout, poll_frequency=0.5)
```

1）driver：创建的浏览器驱动。

2）timeout：最长超时时间。

3）poll_frequency：检测的间隔时间，默认为 0.5s。

until 基本语法为：until（method）。调用该方法，直到返回值为 True。

▶▶ 6.3.3　隐式等待

隐式等待是在尝试寻找需要定位的某个元素，如果没能立刻发现，就等待固定长度的时间。默认设置是 0s，代码如下所示。

```
from selenium import webdriver
driver = webdriver.Chrome()
driver.get('https://cn.bing.com/? mkt=zh-CN')   # get 请求
driver.implicitly_wait(10)   #隐式等待 10s
driver.find_element_by_xpath('//*[@id="sb_form_q"]').send_keys('川川菜鸟')
```

6.4　浏览器控制

主要介绍控制浏览器界面大小、前进后退、刷新。

▶▶ 6.4.1　控制浏览器大小

在前文的学习中，打开浏览器都是一个固定大小界面，如果想要让显示的浏览器界面最大化，可以使用 maximize_window()，案例代码如下所示。

```
from selenium import webdriver
driver = webdriver.Chrome()
driver.maximize_window()
driver.get('https://cn.bing.com/? mkt=zh-CN')
driver.find_element_by_id('sb_form_q').send_keys('川川菜鸟')
```

也可以手动设置浏览器窗口大小，使用 setwindowsize() 方法，比如设置大小为 500×400，案例代码如下所示。

```
from selenium import webdriver
driver = webdriver.Chrome()
driver.set_window_size(500, 400)
driver.get('https://cn.bing.com/? mkt=zh-CN')
driver.find_element_by_id('sb_form_q').send_keys('川川菜鸟')
```

▶▶ 6.4.2　控制浏览器前进后退与刷新

控制的浏览器不一定是往前浏览，也有可能需要回退，所以 selenium 提供了 forward() 和 back() 方法来模拟网页前进和后退按钮。为了更好地演示，笔者加了 sleep() 帮助读者看清楚这个过程，同时打印每次访问的网址，案例代码如下所示。

```
from selenium import webdriver
import time
```

```
driver = webdriver.Chrome()
# 进入 CSDN
first = 'https://www.csdn.net/'
print("进入:%s" % (first))
driver.get(first)
time.sleep(3)
# 进入知乎
second = 'https://www.zhihu.com/'
print("进入%s" % (second))
driver.get(second)
time.sleep(3)
# 后退到 CSDN
print("返回到:%s " % (first))
driver.back()
time.sleep(3)
# 前进到知乎
driver.forward()
print('又前进到:%s' % (second))
time.sleep(3)
driver.quit()
```

刷新页面也很简单，使用 refresh( ) 方法即可，案例代码如下所示。

```
from selenium import webdriver
from selenium.webdriver import ActionChains
driver = webdriver.Chrome()
import time
driver.get('https://cn.bing.com/? mkt=zh-CN')
driver.find_element_by_id('sb_form_q').send_keys('川川菜鸟')
# click 点击事件
b = driver.find_element_by_class_name('search')
ActionChains(driver).click(b).perform()
c = driver.find_element_by_xpath('//*[@id="b_results"]/li[1]/div[1]/h2/a').click()
driver.refresh()   # 刷新页面
time.sleep(5)   # 强制休息五 s(秒)
driver.quit()   # 关闭浏览器
```

▶▶ 6.4.3　文本输入输出与表单提交

文本输入主要用到的是 send_keys( ) 方法，把已输入的文本清空，使用 clear( ) 方法，点击元素使用的是 click( ) 方法。文本输入在前文已经用过很多次了，读者应该能够很熟练地使用了。这里以某搜索为例，网页检查如图 6-23 所示。

为了显示更清楚，笔者把这一部分网页代码复制出来，案例代码如下所示。

```
<input id="q" name="q" aria-label="请输入搜索文字" accesskey="s"
autofocus="autofocus" autocomplete="off" class="search-combobox-
input" aria-haspopup="true" aria-combobox="list" role="combobox"
x-webkit-grammar="builtin:translate" tabindex="0">
```

● 图 6-23　网页检查

这里笔者选择 id 定位，为了显示更加清晰的文本输入与清除过程，引入了 time 模块，输入文本 3s（秒）后再清除，案例代码如下所示。

```
from selenium import webdriver
import time
driver = webdriver.Chrome()
driver.get('https://www.taobao.com/')   # get 请求
driver.find_element_by_id('q').send_keys('华为手机')
time.sleep(3)
driver.find_element_by_id('q').clear()
```

有些经常打开的网址可能出现这样的情况：默认输入框已经有一段内容，想要输入别的内容，需要先清空，再输入文本。这只是简单的使用顺序问题。

现在来使用点击事件，依然以"搜索"按钮为例，如图 6-24 所示。

● 图 6-24　搜索按钮

定位部分网页代码如下。

```
<button class="btn-search tb-bg" type="submit"
data-spm-click="gostr=/tbindex;locaid=d13">搜索</button>
```

先用 class 定位到按钮，再用 click 点击事件，案例代码如下所示。

```
from selenium import webdriver
import time
driver = webdriver.Chrome()
driver.get('https://www.taobao.com/')   # get 请求
driver.find_element_by_id('q').send_keys('华为手机')
time.sleep(3)
```

```
# driver.find_element_by_id('q').clear()
driver.find_element_by_class_name('btn-search').click()
```

单击"搜索"按钮后，会看到登录的页面，如图 6-25 所示。

● 图 6-25　登录的页面

接着需要输入账号和密码进行登录，案例代码如下所示。

```
from selenium import webdriver
import time
driver = webdriver.Chrome()
driver.get('https://www.taobao.com/')   # get 请求
driver.find_element_by_id('q').send_keys('华为手机')
time.sleep(3)
driver.find_element_by_class_name('btn-search').click()
driver.find_element_by_name('fm-login-id').send_keys('你的账号')   # 输入账号
driver.find_element_by_name('fm-login-password').send_keys('你的密码')   # 输入密码
```

还有一个方法是表单提交，比如在某引擎搜索框中输入内容后直接提交，案例代码如下所示。

```
from selenium import webdriver
driver = webdriver.Chrome()
driver.get('https://cn.bing.com/? mkt=zh-CN')   # get 请求
a = driver.find_element_by_xpath('//*[@id="sb_form_q"]')
a.send_keys('川川菜鸟')
a.submit()
```

现在增加一点难度，依然是以某搜索为例，输入内容后提交跳转，跳转后清除搜索框内容，另外输入一个内容，再次提交，案例代码如下所示。

```
from selenium import webdriver
import time
driver = webdriver.Chrome()
driver.get('https://cn.bing.com/? mkt=zh-CN')   # get 请求

driver.find_element_by_xpath('//*[@id="sb_form_q"]').send_keys('川川菜鸟')
driver.find_element_by_id('sb_form_q').submit()   # 提交
time.sleep(2)
```

```
# 清空重新输入
driver.find_element_by_id('sb_form_q').clear()
driver.find_element_by_id('sb_form_q').send_keys('python')
time.sleep(2)
# 定位元素才能执行操作
driver.find_element_by_id('sb_form_q').submit()
```

6.5 鼠标控制

在实际操作过程中，难免需要使用鼠标点击，ActionChains 类提供了鼠标操作的常用方法，如下所示。

1）perform( )：执行所有 ActionChains 中存储的行为。

2）context_click( )：右击。

3）click( )：单击。

4）double_click( )：双击。

5）draganddrop( )：拖动。

6）movetoelement( )：鼠标悬停。

6.5.1 鼠标事件右键

以某搜索的搜索按钮为例，检查网页，如图 6-26 所示。

• 图 6-26　检查网页

截图定位部分的网页代码如下所示。

```
<label for="sb_form_go" class="search icon tooltip" id="search_icon" aria-label="搜索网页" tabindex="-1">
```

根据网页代码，案例代码如下所示。

```
from selenium import webdriver
import time
# 引入 ActionChains 类
from selenium.webdriver.common.action_chains import ActionChains
driver = webdriver.Chrome()
driver.get("https://cn.bing.com/?mkt=zh-CN")
```

```
driver.maximize_window()
time.sleep(3)
# 定位的元素
su = driver.find_element_by_class_name('search')
# 定位好再执行
ActionChains(driver).context_click(su).perform()
```

执行效果如图 6-27 所示。

● 图 6-27　执行效果

注意：driver 表示当前的浏览器，su 为定位好的元素，context_click 为鼠标事件右键，最后的 perform( ) 表示执行。

6.5.2　鼠标双击

双击功能需要的场合并不多，这里继续以某搜索为例子。双击就是使用 double_click( ) 方法，案例代码如下所示。

```
from selenium import webdriver
from selenium.webdriver.common.action_chains import ActionChains
import time

driver = webdriver.Chrome(r'chromedriver.exe')
driver.get('https://cn.bing.com/? mkt=zh-CN')
driver.find_element_by_id('sb_form_q').send_keys('川川菜鸟')
time.sleep(2)
#定位搜索按钮
su = driver.find_element_by_class_name('search')
# 定位好再执行
ActionChains(driver).double_click(su).perform()
```

6.6　键盘控制

在前文已经接触过 send_keys 这个功能了，它能帮助我们输入内容，除了该功能外，还有很多键盘的操作，下面是比较常用的键盘控制事件。

1）send_keys（Keys.BACKSPACE）：删除键（BackSpace）。

2）send_keys（Keys.SPACE）：空格键（Space）。

3）send_keys（Keys.TAB）：制表键（Tab）。

4）send_keys（Keys.ESCAPE）：回退键（Esc）。

5）send_keys（Keys.ENTER）：回车键（Enter）。

6）send_keys（Keys.CONTROL, 'a'）：全选（Ctrl+A）。

7）send_keys（Keys.CONTROL, 'c'）：复制（Ctrl+C）。

8）send_keys（Keys.CONTROL, 'x'）：剪切（Ctrl+X）。

9）send_keys（Keys.CONTROL, 'v'）：粘贴（Ctrl+V）。

10）send_keys（Keys.F1）：键盘 F1，其他同理。

11）Keys.PAGE_UP：翻页键上（Page Up）。

12）Keys.PAGE_DOWN：翻页键下（Page Down）。

对上述方法中的部分方法进行介绍，依然以某搜索为例，首先创建好一个浏览器，案例代码如下所示。

```
from selenium import webdriver
import time
# 引入 Keys 模块
from selenium.webdriver.common.keys import Keys
driver = webdriver.Chrome()
driver.get("https://cn.bing.com/? mkt=zh-CN")
time.sleep(3)
```

首先是在输入框中输入内容，代码如下所示。

```
driver.find_element_by_id('sb_form_q').send_keys('川川菜鸟')
time.sleep(3)
```

然后回退并删除最后一个字，代码如下所示。

```
driver.find_element_by_id('sb_form_q').send_keys(Keys.BACK_SPACE)
time.sleep(3)
```

输入一个空格键，添加新的内容 python，代码如下所示。

```
driver.find_element_by_id('sb_form_q').send_keys(Keys.SPACE)
driver.find_element_by_id('sb_form_q').send_keys('python')
time.sleep(3)
```

全选输入框内容，代码如下所示。

```
driver.find_element_by_id("sb_form_q").send_keys(Keys.CONTROL, 'a')
time.sleep(3)
```

全选然后删除，代码如下所示。

```
driver.find_element_by_id('sb_form_q').send_keys(Keys.BACK_SPACE)
time.sleep(3)
```

删除后再粘贴回来，代码如下所示。

```
driver.find_element_by_id('sb_form_q').send_keys(Keys.CONTROL, 'v')
time.sleep(3)
```

完整代码如下所示。

```
from selenium import webdriver
import time
# 引入 Keys 模块
from selenium.webdriver.common.keys import Keys
driver = webdriver.Chrome()
driver.get("https://cn.bing.com/? mkt=zh-CN")
time.sleep(3)
# 输入内容
driver.find_element_by_id('sb_form_q').send_keys('川川菜鸟')
time.sleep(3)
# 回退一次,删除最后一个字
driver.find_element_by_id('sb_form_q').send_keys(Keys.BACK_SPACE)
time.sleep(3)
# 输入一个空格键,添加新的内容 python
driver.find_element_by_id('sb_form_q').send_keys(Keys.SPACE)
driver.find_element_by_id('sb_form_q').send_keys('python')
time.sleep(3)
# Ctrl+a 全选输入框内容
driver.find_element_by_id("sb_form_q").send_keys(Keys.CONTROL, 'a')
time.sleep(3)
# 全选后再用 Ctrl+c 复制
driver.find_element_by_id('sb_form_q').send_keys(Keys.CONTROL, 'c')
time.sleep(3)
# 复制后先把内容删除
driver.find_element_by_id('sb_form_q').send_keys(Keys.BACK_SPACE)
time.sleep(3)
# 删除后再粘贴回来
driver.find_element_by_id('sb_form_q').send_keys(Keys.CONTROL, 'v')
time.sleep(3)
driver.quit()   # 关闭浏览器
```

6.7 多个元素定位

在前面介绍的都是单个元素定位的使用，大部分情况下使用单个元素定位就能定位到需要的内容。如果要用多元素定位，selenium 也提供了 8 种方法，分别如下所示。

1）find_elements_by_id( )

2）find_elements_by_name（）

3）find_elements_by_name（）

4）find_elements_by_name（）

5）find_elements_by_link_text（）

6）find_elements_by_partial_link_text（）

7）find_elements_by_xpath（）

8）find_elements_by_css_selector（）

可以看到，只是比单个元素定位多了一个 s，就表示多个元素定位了。以某搜索的 input 标签为例，网页检查如图 6-28 所示。

• 图 6-28　网页检查

由于 input 标签不止一个，如果要通过标签定位搜索框，可以先获取全部，案例代码如下所示。

```
from selenium import webdriver
driver = webdriver.Chrome()
driver.get('https://cn.bing.com/? mkt=zh-CN')
driver.find_element_by_id('sb_form_q').send_keys('川川菜鸟')
tag_names = driver.find_elements_by_tag_name("input")
for tag in tag_names:
    print(tag)
driver.quit()
```

运行结果如图 6-29 所示。

• 图 6-29　运行结果

从输出可以看出有三个 input 标签，根据网页代码分析，可以知道第一个 input 才是输入框的标签。如果定位的标签有多组，返回的是一个列表，可以用索引来确定需要定位哪一个标签。分析网页可以看到第一个标签对应的是搜索框，所以用［0］来索引即可，案例代码如下所示。

```
from selenium import webdriver
import time
driver = webdriver.Chrome()
driver.get('https://cn.bing.com/? mkt=zh-CN')
# driver.find_element_by_id('sb_form_q').send_keys('川川菜鸟')
tag_names = driver.find_elements_by_tag_name("input")[0].send_keys('python')
# for tag in tag_names:
#    print(tag)
time.sleep(5)
driver.quit()
```

执行效果如图 6-30 所示。

● 图 6-30　执 行 效 果

其他几个方法与这个类似，因为前面已经学过单个元素的定位，所以这里就不再重复讲解。

6.8　文件上传

创建一个 HTML 用于测试文件上传，在实战中方法一样。下面用一段简单的 HTML 来做一个上传图片的网页，案例代码如下所示。

```
<html>
<head>
<meta http-equiv="content-type" content="text/html;charset=utf-8"/>
<title>upload_file</title>
</head>
<body>
<div class="row-fluid">
<div class="span6 well">
<h3>upload_file</h3>
<input type="file" name="file" id="up_load"/>
</div>
</div>
</body>
</html>
```

注意：pycharm 中也是可以支持前端网页制作的。创建方式：使用鼠标右键单击文件夹，然后选择"News"命令，接着选择"HTML File"命令，如图6-31所示。

运行这段网页代码，测试效果如图6-32所示。

● 图6-31　创建网页　　　　　　　　　　　　　● 图6-32　测试效果

接下来通过 send_keys( )方法来实现文件上传，案例代码如下所示。

```
from selenium import webdriver
import os
import time
driver = webdriver.Chrome()
file_path = 'file:///' + os.path.abspath('test.html')
driver.get(file_path)
# 定位上传按钮,添加本地文件
driver.find_element_by_id("up_load").send_keys(r'C:\Users\hp\Pictures\test.jpg')
time.sleep(5)
driver.quit()
```

6.9　获取 cookie

cookie 能让网站识别出身份，每个用户都有属于自己的 cookie，获取到 cookie，下次登录的时候就可以直接登录，本小节以某网站为例。获取 cookie 的方法有如下几种。

1）get_cookies( )：获得所有 cookie 信息。

2）get_cookie（name）：返回包含名为"name"的 cookie 信息的字符串或字典。

3）add_cookie（cookie）：添加 cookie。"cookie"指字典对象，必须有 name 和 value 值。

▶▶ 6.9.1　手动获取 cookie

打开某网站，对网页进行检查：先单击鼠标右键，再选择"检查"命令，在上面一排选项中选中"网络（或 Network）"，左侧文件打开刚刚请求的网址（一般会在下面一点），在右侧的标头可以看见 cookie（如果没有看到，那么就多看几个文件），如图6-33所示。

可以单击鼠标右键进行复制，如图6-34所示。

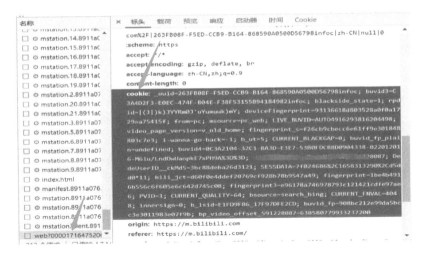

● 图 6-33　找到 cookie

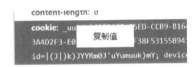

● 图 6-34　复制 cookie

▶▶ 6.9.2　扫码自动获取 cookie

目标网址为某网站登录网页，地址为 https://passport.bilibili.com/loginm。根据能不能获取头像来判断是否已经登录，没登录的状态如图 6-35 所示。

● 图 6-35　未登录的状态

登录后的状态如图 6-36 所示。

● 图 6-36　登录状态

区别就在于是否显示头像。下面来分析一下获取到头像的所在位置，如图 6-37 所示。

● 图 6-37 定位头像

为了显示更清楚，笔者把这一部分网页代码复制出来，如下所示。

```
<img class="bili-avatar-img bili-avatar-face bili-avatar-img-radius"
```

根据 class_neme 定位，代码如下。

```
driver.find_element_by_class_name('bili-avatar-img')
```

完整的代码如下。

```
from selenium import webdriver
import time
import json
from selenium.common.exceptions import NoSuchElementException
driver = webdriver.Chrome()
driver.get("https://passport.bilibili.com/login")
# 通过头像检测是否登录,扫码后就能定位到头像了,没扫码是定位不到的。
flag = True
while flag:
  try:
    # driver.find_element_by_xpath("//a[@class='header-entry-avatar']")
    driver.find_element_by_class_name('bili-avatar-img')
    flag = False
    print("已登录,现在为您保存cookie...")
  except NoSuchElementException as e:
    time.sleep(3)
  with open('cookie.txt', 'w', encoding='u8') as f:
    json.dump(driver.get_cookies(), f)
  time.sleep(3)
  driver.close()
```

打开保存的文件，获取的 cookie 文本内容部分如图 6-38 所示。

得到 cookie 后，再利用得到的 cookie 登录自己的某网站，案例代码如下所示。

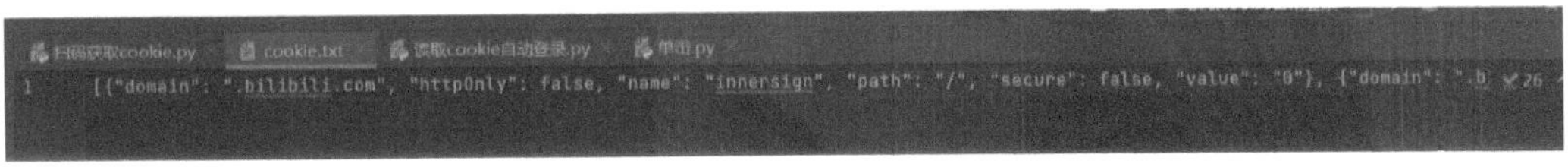

[{"domain": ".bilibili.com", "httpOnly": false, "name": "innersign", "path": "/", "secure": false, "value": "0"}, {"domain": ".b

● 图 6-38 获取的 cookie 文本内容部分

```
import json
from selenium import webdriver
driver = webdriver.Chrome()
with open('cookie.txt', 'r', encoding='u8') as f:
    cookies = json.load(f)
driver.get("https://www.bilibili.com/")
for cookie in cookies:
    driver.add_cookie(cookie)
driver.get("https://www.bilibili.com/")
driver.refresh()
```

运行效果如图 6-39 所示，表示登录成功。

● 图 6-39 登录成功

可以看到，不用使用账号和密码就能登录到某网站了。这里再举一个例子，以某网为例，如果没登录，则如图 6-40 所示。

● 图 6-40 未登录状态

登录后如图 6-41 所示。

● 图 6-41 登录状态

现在继续定位检测头像, 如图 6-42 所示。

● 图 6-42　定位检测头像

把这一部分网页代码复制出来便于读者查看, 代码如下所示。

```
<a class="hasAvatar" data-report-click="{&quot;spm&quot;:
&quot;3001.5343&quot;}" </a>
```

用 class_neme 来定位, 代码如下所示。

```
driver.find_element_by_class_name('hasAvatar')
```

很容易想到以某网站登录的方式进行类似实践, 读者可能想到的代码如下所示。

```
import json
from selenium import webdriver
driver = webdriver.Chrome()
with open('cookies.txt', 'r', encoding='u8') as f:
    cookies = json.load(f)
driver.get("https://passport.csdn.net/login? code=public")
for cookie in cookies:
    driver.add_cookie(cookie)
driver.get("https://passport.csdn.net/login? code=public")
driver.refresh()
```

出现报错, 如下所示。

```
invalid cookie domain: Cookie 'domain' mismatch
```

这是因为 cookies 的 domain 不同造成的, 可以通过去掉含有多余 domain 的 cookie, 写一个通用的函数来解决, 如下所示。

```
def newcookie(cookies):
    domain2 = {}   # 做一个域到 cookie 的映射
```

```
for cookie in cookies:
        domain = cookie['domain']
if domain in domain2:
            domain2[domain].append(cookie)
else:
            domain2[domain] = []
    maxCnt = 0
    ansDomain = ''
for domain in domain2.keys():
        cnt = len(domain2[domain])
if cnt > maxCnt:
            maxCnt = cnt
            ansDomain = domain
    ansCookies = domain2[ansDomain]
return ansCookies
```

完整的案例代码如下所示。

```
import json
from selenium import webdriver
driver = webdriver.Chrome()
def newcookie(cookies):
    domain2 = {}   # 做一个域到 cookie 的映射
for cookie in cookies:
        domain = cookie['domain']
if domain in domain2:
            domain2[domain].append(cookie)
else:
            domain2[domain] = []
    maxCnt = 0
    ansDomain = ''
for domain in domain2.keys():
        cnt = len(domain2[domain])
if cnt > maxCnt:
            maxCnt = cnt
            ansDomain = domain
    ansCookies = domain2[ansDomain]
    return ansCookies

with open('cookies.txt', 'r', encoding='u8') as f:
    cookies = json.load(f)
cookies = newcookie(cookies)
driver.get("https://passport.csdn.net/login? code=public")
for cookie in cookies:
    driver.add_cookie(cookie)
driver.get("https://passport.csdn.net/login? code=public")
driver.refresh()
```

运行结果如图 6-43 所示。

● 图 6-43　运行结果

6.10　窗口截图

当从某个网站获取登录验证码时，直接获取源文件的验证码图片的过程中，发现图片很小，导致无法识别出验证码的内容。于是选择以截图的形式，单独对验证码截图进行保存，这样能得到一个图片比较大的验证码，从而容易被识别出来。selenium 可以全屏截图，也可以按照元素定位截图，方法分别如下。

1）save_screenshot( ) 全屏截图。

2）screenshot( ) 元素部分截图。

下面会依次讲解这两种方法，一般来说，全屏截图可能用得比较少，大部分情况下，更喜欢只截取某一部分。这里就以某搜索为例，分别对全屏和搜索框截屏，案例代码如下所示。

```python
from selenium import webdriver
import time
driver = webdriver.Chrome()
driver.get('https://cn.bing.com/? mkt=zh-CN')
driver.save_screenshot('全屏截图.png')   # 全屏截图
time.sleep(2)
driver.find_element_by_id('sb_form_q').screenshot('元素截图.png')   # 元素截图
time.sleep(2)
driver.quit()
```

运行后保存的结果如图 6-44 和图 6-45 所示。

● 图 6-44　元素截图

在实战过程中，需要对哪一部分截图，就定位需要截图的元素再截图即可。例如只需要获取某个地方的验证码，则只定位验证码截图，再做文字识别，即可得到验证码中的数字。

● 图 6-45　全屏截图

6.11　策略补充

除了前面所学的常用知识以外，selenium 还为我们提供了一些其余的选项，比如以下几个选项。

1）options.add_argument（f" --proxy-server＝http：//127.0.0.1：8080"）：用于添加代理。

2）options.add_argument（'--incognito '）：使用无痕模式。

3）options.add_argument（'--disable-javascript '）：禁用 JavaScript。

4）options.add_argument（' blink-settings＝imagesEnabled＝false '）：如果不加载图片，网站加载更快。

5）options.add_argument（' User-Agent＝" Mozilla/5.0（Linux；Android 6.0；Nexus 5 Build/MRA58N）AppleWebKit/537.36（KHTML，like Gecko）Chrome/99.0.4844.51 Mobile Safari/537.36"'）：添加请求头的 User-Agent。

6）options.add_argument（'--headless '）：浏览器不可视化，即无头模式。

下面笔者会用案例介绍一部分内容。

▶▶ 6.11.1　去除 Chrome 正受到自动测试软件的控制

目标去除 Chrome 正受到自动测试软件的控制，如图 6-46 所示。

Chrome 正受到自动测试软件的控制。

● 图 6-46　控制显示

只需要添加如下三行即可解除显示。

```
options=webdriver.ChromeOptions()
options.add_experimental_option("excludeSwitches", ['enable-automation']) #去除 inforbars
的具体配置
driver = webdriver.Chrome(options=options) #启动时加载配置
```

这里以某搜索引擎为例，案例代码如下所示。

```
from selenium import webdriver
from selenium.webdriver import ActionChains


options=webdriver.ChromeOptions()
options.add_experimental_option("excludeSwitches", ['enable-automation']) #去除 inforbars
的具体配置
driver = webdriver.Chrome(options=options) #启动时加载配置
driver.get('https://cn.bing.com/?mkt=zh-CN')  # get 请求
driver.find_element_by_xpath('//*[@id="sb_form_q"]').send_keys('川川菜鸟')
#click 点击事件
b = driver.find_element_by_class_name('search')
ActionChains(driver).click(b).perform()
```

运行效果如图 6-47 所示。

● 图 6-47　运行效果

▶▶ 6.11.2　添加代理 IP 和请求头

这里仅以本地 IP 和端口进行实践，在实际使用中，可能需要购买代理才能更好地体验，案例代码如下所示。

```
from selenium import webdriver
options = webdriver.ChromeOptions()
# 添加请求头
options.add_argument(
  'User-Agent="Mozilla/5.0 (Linux; Android 6.0; Nexus 5 Build/MRA58N) AppleWebKit/537.36
(KHTML, like Gecko) Chrome/99.0.4844.51 Mobile Safari/537.36"')
options.add_argument(f"--proxy-server=http://127.0.0.1:7890")  # 添加代理
```

```
driver = webdriver.Chrome(r'chromedriver.exe', options=options)    # 启动时加载配置
driver.get('https://cn.bing.com/? mkt=zh-CN')
driver.find_element_by_id('sb_form_q').send_keys('川川菜鸟')
```

▶▶ 6.11.3   无头模式

所谓无头模式，就是运行时不会打开浏览器窗口，把窗口隐藏了。特别是部署在服务器上，往往使用无头模式，一般只有在测试的时候会让它有界面，这样便于观察分析。测试完成后，需要修改成无头模式，只需要添加一个选项即可，代码如下所示。

```
options.add_argument('--headless')    # 无头模式
```

完整的案例代码如下所示。

```
from selenium import webdriver
options = webdriver.ChromeOptions()
# 添加请求头
options.add_argument(
  'User-Agent="Mozilla/5.0 (Linux; Android 6.0; Nexus 5 Build/MRA58N) AppleWebKit/537.36
(KHTML, like Gecko) Chrome/99.0.4844.51 Mobile Safari/537.36"')
options.add_argument('--headless')    # 无头模式
driver = webdriver.Chrome(r'chromedriver.exe', options=options)    # 启动时加载配置
driver.get('https://cn.bing.com/? mkt=zh-CN')
driver.find_element_by_id('sb_form_q').send_keys('川川菜鸟')
```

▶▶ 6.11.4   其他一些选项的添加

至于一些其他的选项，在实战中可以根据自己的需求添加。这里编写一个案例，添加上一些选项，案例代码如下所示。

```
from selenium import webdriver
options = webdriver.ChromeOptions()
# 添加请求头
options.add_argument(
  'User-Agent="Mozilla/5.0 (Linux; Android 6.0; Nexus 5 Build/MRA58N) AppleWebKit/537.36
(KHTML, like Gecko) Chrome/99.0.4844.51 Mobile Safari/537.36"')
options.add_argument(f"--proxy-server=http://127.0.0.1:7890")    # 添加代理
options.add_argument('--headless')    # 无头模式
options.add_argument('--incognito') # 使用无痕模式
options.add_argument('--disable-javascript')    # 禁用 JavaScript
options.add_argument('blink-settings=imagesEnabled=false') # 如果不加载图片, 网站加载快一些
prefs = {"":""}
prefs["credentials_enable_service"] = False
prefs["profile.password_manager_enabled"] = False
options.add_experimental_option("prefs", prefs)    # 屏蔽'保存密码'提示框
driver = webdriver.Chrome(r'chromedriver.exe', options=options)    # 启动时加载配置
```

```
driver.get('https://cn.bing.com/? mkt=zh-CN')
driver.find_element_by_id('sb_form_q').send_keys('川川菜鸟')
```

selenium 常用的一些知识点和方法就介绍到这里了。

6.12 字符验证码

识别出图片中的文字是一门很常用的技术，在国内有大量这样的 API 可以拿来调用，但是有的调用限制于费用问题，这些付费的 API 往往是效果更好的，能接受的读者可以去尝试使用。

▶▶ 6.12.1　pytesseract 介绍

本节主要介绍一款免费的工具，先了解一下这个识别过程，在实际的开发过程中，使用付费的 API 是比较多的，当然大公司更倾向于使用团队内部开放的识别工具。

OCR：光学字符识别，是指对文本资料的图像文件进行分析识别处理，获取文字及版面信息的过程。这里介绍的是 Tesseract OCR，它不仅支持英文，也可以支持中文。

▶▶ 6.12.2　安装

下载地址为 https://digi.bib.uni-mannheim.de/tesseract/。这里笔者选择此时的最新版进行安装，单击即可下载，如图 6-48 所示。

● 图 6-48　下载

下载可能有点慢，下载后双击，选择英文版本，接着单击"Next"按钮，如图 6-49 所示。

● 图 6-49　选择步骤 1

单击"I Agree"按钮，默认选择后继续单击"Next"按钮，如图 6-50 所示。

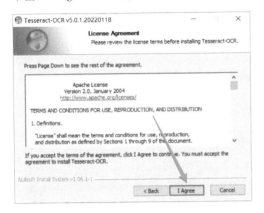 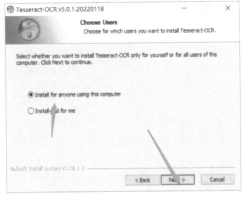

● 图 6-50　选择步骤 2

继续单击"Next"按钮，安装到 D 盘路径，单击"Next"按钮，如图 6-51 所示。

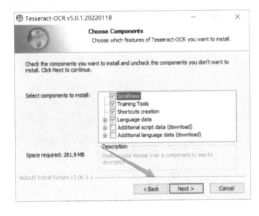 

● 图 6-51　选择步骤 3

接着单击"Install"按钮，如图 6-52 所示。

● 图 6-52　安装

把刚才的安装路径添加到环境变量中，如图 6-53 所示。

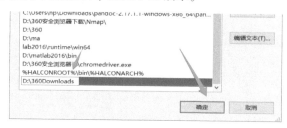

● 图 6-53　添加环境

测试安装是否成功，打开 cmd，输入命令：tesseract-version，按回车键如果看到类似的如下输出则表示安装成功。

```
tesseract v5.0.1.20220118
  leptonica-1.78.0
    libgif 5.1.4: libjpeg 8d (libjpeg-turbo 1.5.3): libpng 1.6.34: libtiff 4.0.9: zlib 1.2.
11: libwebp 0.6.1: libopenjp2 2.3.0
  Found AVX2
  Found AVX
  Found FMA
  Found SSE4.1
  Found libarchive 3.5.0 zlib/1.2.11 liblzma/5.2.3 bz2lib/1.0.6 liblz4/1.7.5 libzstd/1.4.5
  Found libcurl/7.77.0-DEV Schannel zlib/1.2.11 zstd/1.4.5 libidn2/2.0.4 nghttp2/1.31.0
```

接着在 pycharm 的 teriminal 终端执行安装模块命令 pip install pytesseract。

▶▶ 6.12.3　中文支持

这里主要使用 imagetostring( )函数，它的语法为：image_to_string(img，lang)。

1）img：表示读取的图片。

2）Lang：表示支持的语言，默认为英文。

cmd 查看模块支持的语言输入命令 tesseract --list-langs，按回车键输出，如下所示。

```
C:\Users\hp>tesseract --list-langs
List of available languages in "D:\360Downloads/tessdata/" (2):
eng
osd
```

从上述输出可以看出，它支持 eng 和 osd。单独添加 chi_sim 支持中文，它需要去下载，官网地址为 https://tesseract-ocr.github.io/tessdoc/Data-Files。打开后往下翻，找到对应文件，如图 6-54 所示。

| chi_sim | Chinese - Simplified | chi_sim.traineddata |
| chi_tra | Chinese - Traditional | chi_tra.traineddata |

● 图 6-54　选择语言

Chinese-Simplified 和 Chinese-Traditional 分别是简体中文和繁体中文，可以根据需求下载。笔者把 chi_sim.traineddata 文件下载后放到 tessdata 文件夹里面，如图 6-55 所示。

名称	修改日期	类型	大小
configs	2022/3/27 22:46	文件夹	
script	2022/3/27 22:46	文件夹	
tessconfigs	2022/3/27 22:46	文件夹	
chi_sim.traineddata	2022/3/27 23:34	TRAINEDDATA ...	51,429 KB
eng.traineddata	2022/1/18 15:26	TRAINEDDATA ...	4,017 KB
eng.user-patterns	2019/1/17 4:53	USER-PATTERNS...	1 KB
eng.user-words	2019/1/17 4:53	USER-WORDS 文...	1 KB

● 图 6-55　tessdata 文件夹

▶▶ 6.12.4　英文识别

例如识别如图 6-56 所示的图片。

Three years ago, I accidentally realized that my handwriting looks sort of ugly; however, my best friend's handwriting is real nice as an art. Then I have a passion for the beauty of handwriting, so I decided to practice calligraphy. But the

● 图 6-56　英文图片

识别图片内容，编写代码如下所示。

```
import pytesseract
from PIL import Image
# 读取图片
im = Image.open('img.png')
# 识别文字
string = pytesseract.image_to_string(im)
print(string)
```

运行结果如下所示。

```
Three years ago, |accidentally realized that my handwriting looks sort of ugly; however, my
best friend's handwriting is real nice as an art. Then |have a passion for the beauty of hand-
writing, so |decided to practice calligraphy. But the
```

▶▶ 6.12.5　简单的数字识别

以图 6-57 所示的验证码为例。

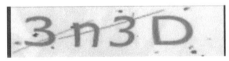

● 图 6-57　数字验证码

现在只需要三行代码即可识别出结果，如下所示。

```
from PIL import Image
import pytesseract
print(pytesseract.image_to_string(Image.open('1.png')))
```

运行结果如下所示。

```
3n3D
```

▶▶ 6.12.6　中文识别

以图 6-58 为例。

Python 是一门易于学习、功能强大的编程语言。'

● 图 6-58　中文图片

识别中文，编写代码如下所示。

```
import pytesseract
from PIL import Image
# 读取图片
im = Image.open('2.png')
# 识别文字,并指定语言
string = pytesseract.image_to_string(im, lang='chi_sim')
print(string)
```

运行结果如下所示。

Python 是一门易于学习、功能强大的编程语言。

pytesseract 并不局限于这些识别，它还可以用于车牌识别、身份证件识别等。当然一些企业级的验证码识别，还需要用到深度学习方面的技术，这里暂不介绍，感兴趣的读者可以自行查询相关资料学习。

▶▶ 6.12.7　ddddocr 模块的使用

这里介绍一个更简单的 ddddocr 模块，该模块识别效果很好。本小节仅做简单介绍，读者可以浏览该模块官网，查看更多复制的识别，例如滑块验证、文字验证等。模块安装命令为 pip install ddddocr，如图 6-59 所示。

识别编写代码如下所示。

模块安装

● 图 6-59　中文图片

```
import ddddocr
ocr = ddddocr.DdddOcr()
```

```
with open('img_3.png','rb') as f:
    img_bytes = f.read()
res = ocr.classification(img_bytes)
print(res)
```

再来测试一个验证码，如图 6-60 所示。

● 图 6-60　验证码

运行结果为：Jepv。

再来看另一张图片，如图 6-61 所示。

● 图 6-61　验证码

识别结果为：Kdqu。结果全部变成了小写，不符合要求，可以把它转换成大写，使用 upper( ) 函数即可。

```
print(res.upper())
```

这样就输出为：KDQU。

▶▶ 6.12.8　彩色图片识别应用

下面以这个接口为例，每次刷新它，都能返回不同的验证码：https://so.gushiwen.org/RandCode.ashx
首先需要请求并保存图片到本地，代码如下所示。

```
import requests
from PIL import Image
# 忽略警告
```

```
import logging
logging.captureWarnings(True)
# 识别网络生成验证码
url = 'https://so.gushiwen.org/RandCode.ashx'
headers = {
'User-Agent': 'Mozilla/5.0 (Windows NT 10.0; WOW64) AppleWebKit/537.36 (KHTML, like Gecko)
Chrome/66.0.3359.139 Safari/537.36'}
# 将原始图片保存
response = requests.get(url=url, headers=headers, verify=False)
with open('./test.png', 'wb') as fp:
fp.write(response.content)   # content 是二进制内容
```

查看一下保存的图片, 如图 6-62 所示。

● 图 6-62　查看保存的图片

接着需要对色彩进行处理, 提取为黑白, 这里对图像进行灰度处理, 编写代码如下所示。

```
def covertimage(path):
    img = Image.open(path)
    # 灰度化
    img = img.convert('L')
    # 图片都是由数据组成,加载
    data = img.load()
    # 图片宽和高
    w, h = img.size
    # 对于黑白图片,像素值是 0 纯黑
    # 像素值是 255 纯白
    for i in range(w):
    for j in range(h):
        # 取出图片中所有的像素值
        if data[i, j] > 135:
            data[i, j] = 255
        else:
            data[i, j] = 0
img.save('clean.png')
covertimage('test.png')   # 执行函数
```

查看灰度处理后的图片, 如图 6-63 所示。

● 图 6-63　灰度处理后的图片

用 ddddocr 识别，代码编写如下所示。

```
import ddddocr
ocr = ddddocr.DdddOcr()
with open('clean.png', 'rb') as f:
    img_bytes = f.read()
res = ocr.classification(img_bytes)
print(res.upper())
```

运行结果为 S9B4。

如果想要做这种验证码识别，对于初学者来说优选 ddddocr 模块会更合适，可以避免各种下载和配置，当然具体可根据读者需求自行选择。

6.13　自动发送 QQ 邮箱

当部署好一个脚本后，希望手机就能接收到爬虫执行的一些日志，这里介绍一下用邮箱发送相关信息的方法。

▶▶ 6.13.1　获取授权码

打开自己的邮箱，单击"账户"，如图 6-64 所示。

● 图 6-64　QQ 账户

往下拉，看到 IMAP/SMTP 服务，单击"开启"，如图 6-65 所示。

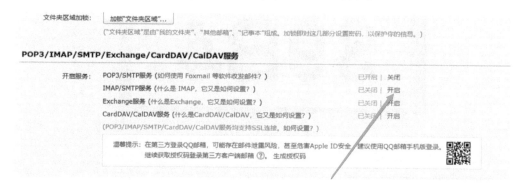

● 图 6-65　开启 IMAPISMTP

然后会出现短信验证，如图 6-66 所示。

● 图 6-66　短信验证

使用密保手机发送对应信息后，单击"我已发送"按钮，然后会得到授权码，把这个授权码保存起来，以后可以一直用，如图 6-67 所示。

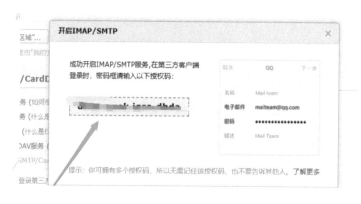

● 图 6-67　授权码

▶▶ 6.13.2　发送文本和附件

完整的代码模板如下，需要修改的内容仅仅是邮箱和授权码，一般来说我们是发送给自己，所以两个邮箱填写是一样的。

```python
import smtplib
from email.mime.text import MIMEText
from email.mime.multipart import MIMEMultipart
from email.mime.application import MIMEApplication


# 写成了一个通用的函数接口,如果想直接用,可以把参数的注释去掉
def send_email(msg_from, passwd, msg_to, text_content, file_path=None):
    msg = MIMEMultipart()
    subject = "python 实现邮箱发送邮件"  # 主题
    text = MIMEText(text_content)
    msg.attach(text)
    if file_path:  # 最开始的函数参数默认为 None,如果想添加附件,可以自行更改一下
        docFile = file_path
        docApart = MIMEApplication(open(docFile, 'rb').read())
        docApart.add_header('Content-Disposition', 'attachment', filename=docFile)
        msg.attach(docApart)
        print('发送附件! ')
    msg['Subject'] = subject
    msg['From'] = msg_from
    msg['To'] = msg_to
    try:
        s = smtplib.SMTP_SSL("smtp.qq.com", 465)
        s.login(msg_from, passwd)
        s.sendmail(msg_from, msg_to, msg.as_string())
        print("发送成功")
    except smtplib.SMTPException as e:
        print("发送失败")
    finally:
        s.quit()


msg_from = '283...9579@qq.com'  # 发送方邮箱
passwd = 'd.....hda'  # 填入发送方邮箱的授权码(就是刚刚拿到的那个授权码)
msg_to = '2835809579@qq.com'  # 收件人邮箱,我是发给自己
text_content = "这是一个测试!"  # 发送的邮件内容
file_path = 'log.text'  # 需要发送的附件目录
send_email(msg_from, passwd, msg_to, text_content, file_path)
```

执行效果如图 6-68 所示。

部分变量解释如下所示。

1）subject 为邮箱主题，比如 python 实现邮箱发送邮件。

2）msg_from：设置发件方的邮箱。

3）passwd：授权码。

4）msg_to：收件人邮箱。

5）text_content：发送内容。

6）file_path：附件路径。

本章所有代码资源可以通过 Github 开源仓库下载，地址为 https://github.com/sfvsfv/Crawer。

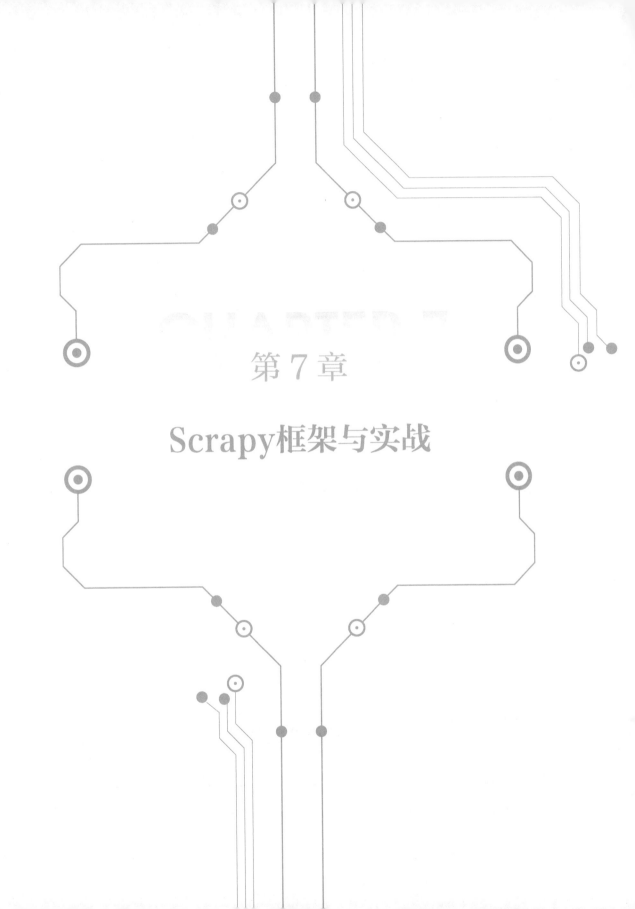

第 7 章

Scrapy框架与实战

7.1 框架介绍

在前面的章节中介绍了 urllib、Requests、BeautifulSoup、selenium，这些模块能满足很大程度的内容爬取，本章介绍的 Scrapy 框架会让爬虫技术变得更强大、更高效。

Scrapy 是一个快速的高级网页抓取和网页抓取框架，用于抓取网站并从其页面中提取结构化数据，只需要实现少量的代码，就能够快速抓取。它可用于广泛的用途，从数据挖掘到监控和自动化测试。它是一个用 Python 编写的免费开源网络爬虫框架。最初是为网页抓取而设计的，它也可用于 API 提取数据或用作通用网络爬虫。本章全部代码在 pycharm 中编写。

Scrapy 爬虫框架的流程如图 7-1 所示。

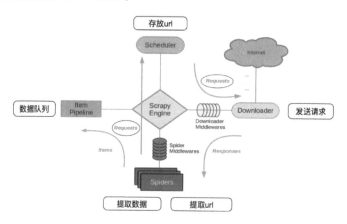

● 图 7-1 框架的流程

表 7-1 是对以上流程图中的一些说明。

表 7-1 说明

Scrapy Engine（引擎）	总指挥：负责数据和信号在不同模块间的传递	Scrapy 已经实现
Scheduler（调度器）	一个队列，存放引擎发过来的 Requests 请求	Scrapy 已经实现
Downloader（下载器）	下载将引擎发过来的 Requests 请求，并返回给引擎	Scrapy 已经实现
Spider（爬虫）	处理引擎发来的 Responses，提取数据、url，并交给引擎	需要手动写
Item Pipeline（管道）	处理引擎传过来的数据，比如数据存储	需要手动写
Downloader Middlewares（下载中间件）	可以自定义的下载，比如设置代理	一般不用写
Spider Middlewares（中间件）	可以自定义 Requests 请求并进行 Responses 过滤	一般不用写

下面是 Windows 环境下的模块安装，pycharm 的 terminal 终端分别执行以下命令。

```
pip install --upgrade pip
pip install pypiwin32
pip install Scrapy
```

下面是 Linux 环境下的模块安装，执行以下命令。

```
sudo apt-get install python3 python3-dev python-pip libxml2-dev libxslt1-dev zlib1g-dev
libffi-dev libssl-dev
```

7.2 Scrapy 入门

实现 Scrapy 可以按照步骤的形式，一步步完成，基本步骤如下所示。

1）创建一个项目文件。

2）确定目标。

3）定制 Item。

4）修改默认配置。

5）编写 Spider 提取出结构化数据（Item）。

6）编写 Item Pipeline 来存储提取到的 Item（即结构化数据）。

7.2.1 创建项目文件

创建一个项目文件，格式为 scrapy startproject 项目名称。比如创建项目名为 first，命令为 scrapy startproject first。

注意：一般在 terminal 中创建，如图 7-2 所示。

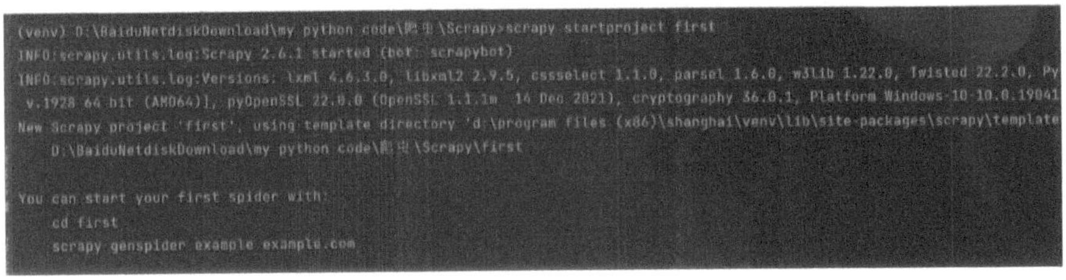

● 图 7-2　创建项目文件

执行完毕后，会出现一个文件夹 first，内部目录如下所示。

```
first/
scrapy.cfg              # 项目的配置文件。
spiders/                # 项目的 Python 模块,将会从这里引用代码。
    __init__.py
items.py                # 项目的目标文件。
```

```
middlewares.py          #项目中间件文件。
pipelines.py            # 项目的管道文件。
settings.py             # 项目的设置文件。
spiders/                # 存储爬虫代码目录。
    __init__.py
```

▶▶ 7.2.2 确定目标

进入项目文件命令为: cd first, 创建文件格式为: scrapy genspider, 应用名称爬取网址。
例如爬取某网, 应用名称为 an, 则命令为:

```
scrapy genspider an  https://pic.netbian.com/4kfengjing/
```

输入命令后按回车键, 如图 7-3 所示。

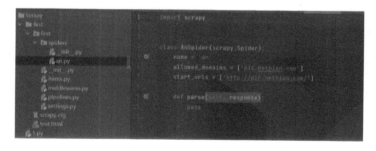

● 图 7-3　创建应用

从图中可以看到其中有这部分内容就算成功, 并生成了一个文件, 叫作 an.py。

```
Created spider 'an' using template 'basic' in module:
first.spiders.an
```

打开 spiders/an.py 文件, 如图 7-4 所示。

● 图 7-4　打开 an.py

打开 first/spiders/an.py 文件, 默认增加了下列代码:

```
import scrapy

class AnSpider(scrapy.Spider):
    name = 'an'
    allowed_domains = ['pic.netbian.com']
```

```
start_urls = ['http://pic.netbian.com/']
def parse(self, response):
    pass
```

代码中的部分说明如下。

1）name = ：用于区别 Spider，该名字必须是唯一的，不能为不同的 Spider 设定相同的名字。

2）allow_domains = [ ]：里面是搜索的域名范围，确定爬取范围。

3）start_urls = [ ]：包含了 Spider 在启动时进行爬取的 URL 列表。因此，第一个被获取到的页面将是其中之一，后续的 URL 则从初始 URL 获取到的数据中提取。

4）parse（self, response）：被调用时，每个初始 URL 完成下载后生成的 Response 对象将会作为唯一的参数传递给该函数。负责解析返回的网页数据（response.body），提取数据（生成 Item）以及生成需要进一步处理的 URL 的 Requests 对象。Response 相当于用 Requests 的 get 请求结果。

也可以自行创建 an.py 并编写上面的代码，只不过使用命令可以免去编写固定代码的麻烦。

▶▶ 7.2.3　定制 Item

例如想要提取目标网址的标题和链接，可在 items.py 中进行修改。

```
import scrapy

class DmozItem(scrapy.Item):
    title = scrapy.Field() # 标题
    link = scrapy.Field() # 链接
```

▶▶ 7.2.4　setting 配置修改与使用

在 settings.py 文件中一般需要修改的配置如下所示。

1）USER*AGENT* = ' first（+http：//www.yourdomain.com）'修改为请求头，比如 USERAGENT = ' Mozilla/5.0（Linux；Android 6.0；Nexus 5 Build/MRA58N）AppleWebKit/537.36（KHTML, like Gecko）Chrome/99.0.4844.74 Mobile Safari/537.36 '。

2）ROBOTSTXTOBEY = True 修改为 ROBOTSTXTOBEY = False（该设置表示不遵守 robot 协议）。

3）DOWNLOAD_DELAY = 3 这一行取消注释，表示设置为下载速度延时 3s。

4）添加一行 LOG_LEVEL = "WARNING"，注意必须大写。

为了便于观察，把代码以 HTML 文件的形式保存下来，所以修改 parse（）方法。这里目标网址是爬取风景图，所以 starturls 中要修改为目标的风景图网址，而 alloweddomains 不用修改。虽然爬取的是风景图，但是该网址依然在域名 pic.netbian.com 下面，所以实现代码如下。

```
import scrapy
class AnSpider(scrapy.Spider):
    name = 'an'
    allowed_domains = ['pic.netbian.com']  #搜索域名范围
```

```
start_urls = ['https://pic.netbian.com/4kfengjing/']  #修改目标网址=
def parse(self, response):
    filename = "test.html"
    open(filename, 'wb').write(response.body)
```

再次执行，注意在 terminal 的 first 目录下执行命令：scrapy crawl an，会看到类似的输出结果。

```
DEBUG:scrapy.core.engine:Crawled (200) <GET
https://pic.netbian.com/4kfengjing/> (referer: None)
2022-03-24 14:31:07 [scrapy.core.engine] DEBUG: Crawled (200) <GET
https://pic.netbian.com/4kfengjing/> (referer: None)
INFO:scrapy.core.engine:Closing spider (finished)
2022-03-24 14:31:07 [scrapy.core.engine] INFO: Closing spider (finished)
INFO:scrapy.statscollectors:Dumping Scrapy stats:
......
'response_received_count': 1,
'scheduler/dequeued': 1,
'scheduler/dequeued/memory': 1,
'scheduler/enqueued': 1,
'scheduler/enqueued/memory': 1,
'start_time': datetime.datetime(2022, 3, 24, 6, 31, 7, 482925)}
INFO:scrapy.core.engine:Spider closed (finished)
2022-03-24 14:31:08 [scrapy.core.engine] INFO: Spider closed (finished)
```

执行完成后，会看到 first 目录下生成了一个 test.html 文件，如图 7-5 所示。

• 图 7-5　HTML 文件查看

▶▶ 7.2.5　数据提取

测试一下状态，代码如下所示。

```
# coding=gbk
import scrapy
class CsdnSpider(scrapy.Spider):
name = 'CSDN'
```

```
allowed_domains = ['chuanchuan.blog.csdn.net'] #爬取域名,这是我的私人域名
start_urls = ['http://chuanchuan.blog.csdn.net/'] #爬取目标
def parse(self, response):
    print('*'*30)
    print(response)
    print(type(response))
```

在 teiminal 的 first 目录下执行命令 scrapy crawl an，输出日志，如图 7-6 所示。

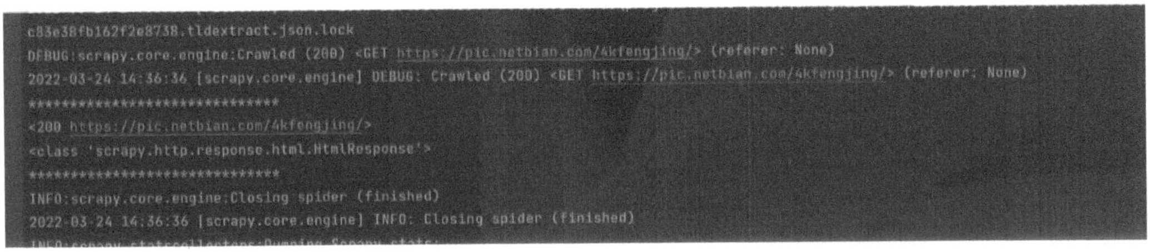

• 图 7-6　输出日志

打印结果如下所示。

```
******************************
<200 https://pic.netbian.com/4kfengjing/>
<class 'scrapy.http.response.html.HtmlResponse'>
******************************
```

输出中看到状态码的结果为 200，说明请求成功了。

▶▶ 7.2.6　实战教学

在前面已经熟悉了基本步骤，现在来爬取某网的风景图。首先确定目标为 https://pic.netbian.com/4kfengjing/。

单击鼠标右键，在弹出的快捷菜单栏中选择"检查"命令，分析网页中的图片代码，如图 7-7 和图 7-8 所示。

• 图 7-7　检查网页（一）

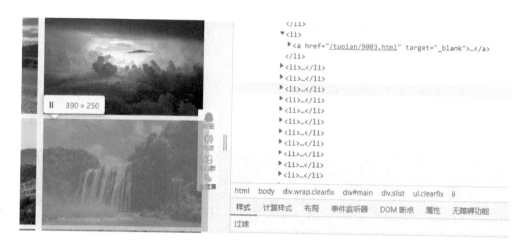

● 图 7-8 检查网页 (二)

发现每张图片都在 li 标签中,只需要单独拿两个标签出来分析即可,复制出来后便于读者查看,网页代码如下所示。

```
<ul class="clearfix">
<li><a href="/tupian/18853.html" target="_blank">
<img src="/uploads/allimg/180315/110404-152108304476cb.jpg"
alt="美丽雪山湖泊风景 4k 壁纸 3840x2160">
<b>美丽雪山湖泊风景 4k 壁纸</b></a></li>
<li><a href="/tupian/21953.html" target="_blank">
<img src="/uploads/allimg/180826/113958-1535254798fc1c.jpg"
alt="阿尔卑斯山风景 4k 高清壁纸 3840x2160">
<b>阿尔卑斯山风景 4k 高清壁纸</b></a></li>
```

从以上的网页代码中可以看出,具体的定位目标可以确定为:img 标签中的 src 属性,该属性中的链接就是我们的图片。获取多张图片:ul 标签—li 标签—a 标签—img 标签—src 属性。一个 ul 标签下有多个 li 标签,所以返回的是一个列表。现在用 XPath 来获取对应的所有 li 标签,修改 parse 方法如下所示。

```
def parse(self, response):
    img = response.xpath("//ul[@class='clearfix']/li")
    print(img)  #打印匹配的数据列表
    print(type(img))  #打印类型
```
terminal 执行命令 scrapy crawl an,输出结果如下所示。
```
DEBUG:scrapy.core.engine:Crawled (200) <GET
https://pic.netbian.com/4kfengjing/> (referer: None)
[<Selector xpath="//ul[@class='clearfix']/li" data='<li><a href="/tupian/18853.html"
targ...'>,
<Selector xpath="//ul[@class='clearfix']/li" data='<li><a lector xpath="//ul[@class=
'clearfix']/li" data='<li><a href="/tupian/28714.html" targ...'>,
```

```
.......
xpath="//ul[@class='clea
rfix']/li" data='<li><a href="/tupian/29065.html" targ...'>]
<class 'scrapy.selector.unified.SelectorList'>
INFO:scrapy.core.engine:Closing spider (finished)
```

对输出的结果部分进行解释说明，如下所示。

1）第一行：表示爬取的目标网站请求成功。

2）后面的部分是类似列表的一段内容，里面都是相同且重复的，笔者就省略了，Selector 标签表示的是 XPath 对象，data 部分是数据。

3）最后一行用 type 方法打印了类型，输出为：scrapy.selector.unified.SelectorList，可以理解为它是 scrapy 里面专门的一个类似列表对象。

现在再来尝试对这个类型的内容进行输出。可以用 for 循环遍历出每一个值，并获取 li 标签里面的 href 属性，想要的是对象里面的数据，这里使用 extract_first( ) 方法可以做到。再来看一下目标链接 src 网页代码如下所示。

```
<li><a href="/tupian/21953.html" target="_blank">
<img src="/uploads/allimg/180826/113958-1535254798fc1c.jpg"
alt="阿尔卑斯山风景 4k 高清壁纸 3840x2160"><b>阿尔卑斯山风景 4k 高清壁纸</b></a></li>
```

修改 parse 函数，如下所示。

```
def parse(self, response):
    img = response.xpath("//ul[@class='clearfix']/li")
    # print(img)   # 打印匹配的数据列表
    # print(type(img))   # 打印类型
    for i in img:
        img=i.xpath('a/@href').extract_first()
        print(img)
```

再次在 terminal 中执行命令 scrapy crawl an，输出结果如下所示。

```
/uploads/allimg/180315/110404-152108304476cb.jpg
/uploads/allimg/180826/113958-1535254798fc1c.jpg
/uploads/allimg/170609/123945-14969831856c4d.jpg
/uploads/allimg/210810/231712-16286086323788.jpg
/uploads/allimg/220322/005642-16478818020e8d.jpg
/uploads/allimg/220322/005530-16478817309a37.jpg
/uploads/allimg/220303/001213-16462375330d34.jpg
/uploads/allimg/220219/000934-1645200574f69c.jpg
/uploads/allimg/220218/003018-16451154181ca0.jpg
/uploads/allimg/170725/103840-15009503208823.jpg
/uploads/allimg/170610/174855-14970881351957.jpg
/uploads/allimg/220204/011122-164390828235a1.jpg
/uploads/allimg/171024/224722-15088564422d17.jpg
/uploads/allimg/220127/233431-1643297671a935.jpg
```

```
/uploads/allimg/220127/233237-16432975576069.jpg
/uploads/allimg/220124/011919-1642958359c39f.jpg
```

从上述输出的结果可以看到它们都是不完整的链接，再回到网站中查看图片的链接，如图 7-9 所示。

● 图 7-9　查看图片链接

由此可以看出，它省略的部分为 https://pic.netbian.com/，所以使用字符串拼接一下即可，修改为 parse 函数，如下所示。

```
def parse(self, response):
    img = response.xpath("//ul[@class='clearfix']/li")
    zhui='https://pic.netbian.com/'
    for i in img:
        img=i.xpath('a/img/@src').extract_first()
        # print(img)
        url=zhui+img
        print(url)
```

再次执行：scrapy crawl an，查看输出，如下所示。

```
https://pic.netbian.com//uploads/allimg/180315/110404-152108304476cb.jpg
https://pic.netbian.com//uploads/allimg/180826/113958-1535254798fc1c.jpg
https://pic.netbian.com//uploads/allimg/170609/123945-14969831856c4d.jpg
https://pic.netbian.com//uploads/allimg/210810/231712-16286086323788.jpg
https://pic.netbian.com//uploads/allimg/220322/005642-16478818020e8d.jpg
https://pic.netbian.com//uploads/allimg/220322/005530-16478817309a37.jpg
https://pic.netbian.com//uploads/allimg/220303/001213-16462375330d34.jpg
https://pic.netbian.com//uploads/allimg/220219/000934-1645200574f69c.jpg
https://pic.netbian.com//uploads/allimg/220218/003018-16451154181ca0.jpg
https://pic.netbian.com//uploads/allimg/170725/103840-15009503208823.jpg
https://pic.netbian.com//uploads/allimg/170610/174855-14970881351957.jpg
```

由此已经得到需要的完整图片链接了，现在可以继续添加新的获取内容，比如标题，它为<a>标签下的<b>标签的文本内容，把这部分网页代码复制出来。

```
<a href="/tupian/21953.html" target="_blank"><img
src="/uploads/allimg/180826/113958-1535254798fc1c.jpg"
alt="阿尔卑斯山风景 4k 高清壁纸 3840x2160"><b>阿尔卑斯山风景 4k 高清壁纸</b></a>
```

根据上述的网页代码，添加新的匹配，依然用 XPath 来定位，修改 parse 函数，如下所示。

```python
def parse(self, response):
    img = response.xpath("//ul[@class='clearfix']/li")
    zhui='https://pic.netbian.com/'
    for i in img:
        img=i.xpath('a/img/@src').extract_first()
        url=zhui+img
        title=i.xpath('a/b/text()').extract_first()
        print(url)
        print(title)
```

再次执行项目，命令为 scrapy crawl an，输出如下（展示部分）。

```
DEBUG:scrapy.core.engine:Crawled (200) <GET
https://pic.netbian.com/4kfengjing/> (referer: None)
https://pic.netbian.com//uploads/allimg/180315/110404-152108304476cb.jpg
美丽雪山湖泊风景 4k 壁纸
https://pic.netbian.com//uploads/allimg/180826/113958-1535254798fc1c.jpg
阿尔卑斯山风景 4k 高清壁纸
https://pic.netbian.com//uploads/allimg/170609/123945-14969831856c4d.jpg
天空云阳光黑暗 4K 风景
中间部分省略...
https://pic.netbian.com//uploads/allimg/220322/005642-16478818020e8d.jpg
美丽的草原山丘风景 iPad
https://pic.netbian.com//uploads/allimg/220322/005530-16478817309a37.jpg
黄果树瀑布风光 iPad 平板计算机
https://pic.netbian.com//uploads/allimg/220123/150217-16429213378751.jpg
山 河畔 乡村房子 4k 风景
https://pic.netbian.com//uploads/allimg/220119/001846-16425227266655.jpg
冬天雪风景房子树栅栏
https://pic.netbian.com//uploads/allimg/220114/233626-164217458662a7.jpg
冬季雪山树河水倒影
https://pic.netbian.com//uploads/allimg/220311/001515-16469289150ae2.jpg
白色莲花荷花 iPad 平板计算机
```

到此为止，已经完成基本的爬取了，也可以继续做数据封装，在 items. py 中修改，如下所示。

```python
import scrapy
class FirstItem(scrapy.Item):
    name = scrapy.Field()   # 标题
    img = scrapy.Field()   # 图片链接
```

这里表示定制的 Item 目标是标题和链接。然后在 an.py 中导入 items.py，Item 实际是一个字典形式，可以直接通过增加字典键值对该形式添加内容，an.py 完整代码如下所示。

```python
import scrapy
from ..items import FirstItem
# import logging
```

```python
class AnSpider(scrapy.Spider):
    name = 'an'
    allowed_domains = ['pic.netbian.com']  # 搜索域名范围
    start_urls = ['https://pic.netbian.com/4kfengjing/']  # 修改目标网址=
    item = FirstItem()
    def parse(self, response):
        img = response.xpath("//ul[@class='clearfix']/li")
        zhui = 'https://pic.netbian.com/'
        item = FirstItem()  # 使用 Items 中的 FirstItem
        for i in img:
            img = i.xpath('a/img/@src').extract_first()
            url = zhui + img
            title = i.xpath('a/b/text()').extract_first()
            item['name'] = title  # 填充到
            item['img'] = url
            print(item)
            # print(url)
            # print(title)
```

此时再次执行 scrapy crawl an，输出如下（展示部分）。

```
{'img': 'https://pic.netbian.com//uploads/allimg/180315/110404-152108304476cb.jpg',
'name': '美丽雪山湖泊风景 4k 壁纸'}
{'img': 'https://pic.netbian.com//uploads/allimg/180826/113958-1535254798fc1c.jpg',
'name': '阿尔卑斯山风景 4k 高清壁纸'}
{'img': 'https://pic.netbian.com//uploads/allimg/170609/123945-14969831856c4d.jpg',
'name': '天空云阳光黑暗 4K 风景'}
{'img': 'https://pic.netbian.com//uploads/allimg/210810/231712-16286086323788.jpg',
'name': '山谷之上的山小路戴帽'}
{'img': 'https://pic.netbian.com//uploads/allimg/220322/005642-16478818020e8d.jpg',
'name': '美丽的草原山丘风景 iPad'}
{'img': 'https://pic.netbian.com//uploads/allimg/220322/005530-16478817309a37.jpg',
'name': '黄果树瀑布风光 iPad 平板计算机'}
```

这样的数据显示起来更整洁，到此基本就已经完成了，接下来需要做的就是把它下载到本地。其实可以看到以上每次执行代码都是在命令行中运行，这与我们以前的运行代码方式并不相同，如果不习惯这种方式，这里再介绍另一个方法，使得其可以右键运行。在 first 的同级目录中创建一个 start.py 文件，写入如下两行代码。

```python
from scrapy import cmdline
cmdline.execute(['scrapy', 'crawl', 'an'])
```

此时就可以右键运行 start.py 来达到运行 an.py 的效果了。注意 cmdline.execute() 的基本形式为：cmdline.execute（['scrapy', 'crawl', '爬虫名']）。

▶▶ 7.2.7　数据存储

在前文的整个演示中，获取到了对应的图片名称和链接，现在如果想要把它们保存下来，应该如何执行操作呢？最简单的存储爬取数据的方式是使用 Feed exports：

```
scrapy crawl an -o items.json
```

该命令将采用 JSON 格式对爬取的数据进行序列化，生成 items.json 文件。-o 表示输出指定格式的文件，也可以输出其他格式的文件。在这之前，需要对 an.py 做一个修改，如下所示：

```
yield item
# print(item)
```

将 print（item）修改为 yield item。带有 yield 的函数不再是一个普通函数，而是一个生成器 generator，可用于迭代。yield 是一个类似 return 的关键字，迭代一次遇到 yield 时就返回 yield 后面（右边）的值。重点是：下一次迭代时，从上一次迭代遇到的 yield 后面的代码（下一行）开始执行。所以在 Scrapy 中要用 yield 返回数据，以下是不同格式文件对应的命令。

1）json lines 格式，默认为 Unicode 编码：scrapy crawl an -o   items.jsonl

2）csv 逗号表达式，可用 Excel 打开：scrapy crawl an -o   items.csv

3）xml 格式：scrapy crawl an -o items.csv

如果写入中文，可能会出现乱码，这个问题可以在 Item Pipeline 编写中解决，乱码如图 7-10 所示。

● 图 7-10 乱码结果

这样小规模的项目中，这种存储方式已经足够了。如果需要对爬取到的 Item 做更多复杂的操作，需要编写 Item Pipeline。项目创建时已为您设置了项目管道的占位符文件，位于 first/pipelines.py。如果只想存储爬取的项目，则不需要实现任何项目管道。

▶▶ 7.2.8 Item Pipeline 管道

当 Item 在 Spider 中被收集之后，它将会被传递到 Item Pipeline，一些组件会按照一定的顺序执行对 Item 的处理。

每个 Item Pipeline 组件是实现了简单方法的 Python 类。它们接收到 Item 并通过它执行一些行为，同时也决定此 Item 是否继续通过 Pipeline，或是被丢弃而不再进行处理。以下是 Item Pipeline 的一些典型应用，如下所示。

1）清洗 HTML 数据。

2）验证爬取的数据（检查 Item 包含某些字段）。

3）去重，对重复数据进行清除。

4）将爬取结果保存到数据库中。

每个 Item Pipiline 组件是一个独立的 Python 类，同时必须实现 process_item（self, item, spider）方法。每个 Item Pipeline 组件需要调用该方法，这个方法必须返回一个具有数据的 dict，或是 Item（或任何继承类）对象，或是抛出 DropItem 异常，被丢弃的 Item 将不会被之后的 Pipeline 组件处理。

参数解释如下所示。

1）Item（Item 对象或者一个 dict）- 被爬取的 Item。

2）Spider（Spider 对象）- 爬取该 Item 的 Spider。

除此之外，还有其他一些方法，如下所示。

1）open_spider（self, spider）：当 Spider 被开启时，这个方法被调用。

2）close_spider（self, spider）：当 Spider 被关闭时，这个方法被调用。

首先，需要在 setting.py 中找到这部分内容，如下所示。

```
ITEM_PIPELINES = {
    'first.pipelines.FirstPipeline': 300,
}
```

对这部分代码取消注释，取消注释表示开启。如果不取消注释，pipelines.py 中的代码将不会被执行。解释一下它的含义，first.pipelines.FirstPipeline 是一个键名，它表示一个名为 "FirstPipeline" 的 Pipeline，它可能是多个 Pipeline 中的第一个。数字 300 表示优先级，这个数字越小，距离引擎越近，则越优先。除此之外，也可以添加其他的 Pipeline，每一个 Pipeline 可用于不同的功能，比如修改为如下所示。

```
ITEM_PIPELINES = {
    'first.pipelines.FirstPipeline': 300,
    'first.pipelines.FirstPipeline2': 301,
}
```

如果在 pipeline.py 中并不需要第二个键值对，就不要添加新的键值对到 ITEM_PIPELINES 中。比如需要实现将数据存储为 json 形式，则 pipeline.py 做如下修改即可。

```
import json
class FirstPipeline:
    def __init__(self):
        self.f = open('item.json', 'w', encoding='utf-8'
    def open_spider(self, item):
        print('开始爬取...')
    def process_item(self, item, spider):
        print(item)
        # 将从 spider 文件传过来的数据使用 dict()进行数据类型的转换,并转换成字典
```

```
    self.f.write(json.dumps(dict(item), ensure_ascii=False)+'\n')
    # ensure_ascii=False 防止中文乱码

def close_spider(self, item):
    print('爬取结束...')
```

运行项目后输出结果如下所示。

```
开始爬取...
{'img': 'https://pic.netbian.com//uploads/allimg/180315/110404-152108304476cb.jpg',
 'name': '美丽雪山湖泊风景 4k 壁纸'}
{'img': 'https://pic.netbian.com//uploads/allimg/180826/113958-1535254798fc1c.jpg',
 'name': '阿尔卑斯山风景 4k 高清壁纸'}
{'img': 'https://pic.netbian.com//uploads/allimg/170609/123945-14969831856c4d.jpg',
 'name': '天空云阳光黑暗 4K 风景'}
{'img': 'https://pic.netbian.com//uploads/allimg/210810/231712-16286086323788.jpg',
 'name': '山谷之上的山小路戴帽'}
..
{'img': 'https://pic.netbian.com//uploads/allimg/220311/001515-16469289150ae2.jpg',
 'name': '白色莲花荷花 iPad 平板计算机'}
爬取结束...
```

查看保存的 json 文件，如图 7-11 所示。

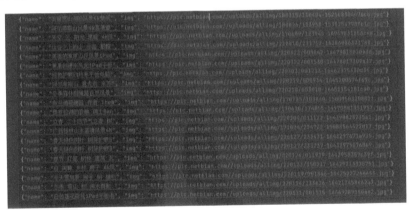

● 图 7-11　json 文件

▶▶ 7.2.9　Pipelines 图片保存

在上一个小节已经学会了 Pipelines 的基本编写，想要对图片进行保存，依然是在 Pipelines 中编写，可以使用之前学过的 urlretrieve 下载，首先在 first 项目名目录下手动创建一个 photo 文件夹，pipelines.py 代码编写如下。

```
# coding=gbk
import urllib
```

```
import urllib.request
import os
class FirstPipeline(object):
    def open_spider(self, item):
        print('开始爬取...')
    def process_item(self, item, spider):
        title = item['name']
        url = item['img']
        suffix = os.path.splitext(url)[-1]
        urllib.request.urlretrieve(url, filename="photo/%s%s" % (title, suffix))
        print('图片----%s----保存成功' % title)
        return item

    def close_spider(self, item):
        print('爬取结束...')
```

运行结果如图 7-12 所示。

● 图 7-12 运行结果

7.3 实战一：图片多页下载

在前面学会了基本的框架使用，以及基本的内容保存、爬取，这完全是用同样的步骤去实现，很多配置基本上是固定的，基本的爬取主要是在 an.py 这样的文件中以及 pipelines.py 中编写代码。现在要实现多页爬取，多种类爬取。再来分析一下网页，与前面几章中的分析方法一样，如下所示。

1）第一页：https://pic.netbian.com/4kfengjing/。

2）第二页：https://pic.netbian.com/4kfengjing/index_2.html。

3）第三页：https://pic.netbian.com/4kfengjing/index_3.html。

我们再来看一下另一个图片种类的规律，比如游戏的图片链接规律如下所示。

1）第一页：https://pic.netbian.com/4kyouxi/。

2）第二页：https://pic.netbian.com/4kyouxi/index_2.html。

3）第三页：https://pic.netbian.com/4kyouxi/index_3.html。

结果发现规律一样。再看一下链接标签的规律是否一样，如图 7-13 所示。

```
▼<ul class="clearfix">
  ▼<li>
    ▼<a href="/tupian/29102.html" target="_blank">
        <img src="/uploads/allimg/220315/005521-1647276921f720.jpg" alt="王者荣耀 夏洛特
        永量 飞马iPad平板计算机壁纸">
        <b>王者荣耀 夏洛特永量 飞</b>
      </a>
```

● 图 7-13　链接标签

首先，来实现一个种类的爬取，由于第一页和其他页有不同之处，依然采用之前多页爬取的方法，分开构造如下所示。

```
global num
num = int(input('想要爬取多少页？'))
# 第二页开始
page = 2
new_start = 'https://pic.netbian.com/4kfengjing/index_%d.html'
# 第一页开始
start_urls = ['https://pic.netbian.com/4kfengjing/index.html']  # 起始页
```

第一页爬取还是不变，如下所示。

```
for i in img:
    img = i.xpath('a/img/@src').extract_first()
    url = zhui + img
    title = i.xpath('a/b/text()').extract_first()
    item['name'] = title   # 填充到
    item['img'] = url
    yield item
```

第二页以及后面的页数爬取用 for 循环来依次请求构造的 new_start，如下所示。

```
for i in range(self.page, num):
    print('------------------', i)
    if self.page == num:
        break
    # 请求 Request
    yield scrapy.Request(url=self.new_start % (i), callback=self.parse)
    self.page += 1
```

an.py 的完整代码如下所示。

```
# coding=gbk
import scrapy
from ..items import FirstItem
class AnSpider(scrapy.Spider):
```

```
name = 'an'
allowed_domains = ['pic.netbian.com']    #搜索域名范围
global num
num = int(input('想要爬取多少页? '))
#第二页
page = 2
new_start = 'https://pic.netbian.com/4kfengjing/index_%d.html'
start_urls = ['https://pic.netbian.com/4kfengjing/index.html']   #起始页
item = FirstItem()
def parse(self, response):
    img = response.xpath("//ul[@class='clearfix']/li")
    zhui = 'https://pic.netbian.com/'
    item = FirstItem()   #使用 Items 中的 FirstItem
#爬取第一页
    for i in img:
        img = i.xpath('a/img/@src').extract_first()
        url = zhui + img
        title = i.xpath('a/b/text()').extract_first()
        item['name'] = title   #填充到
        item['img'] = url
        yield item
#爬取第二页以及后面的页码
    for i in range(self.page, num):
        print('-----------------', i)

        if self.page == num:
            break
        # 请求 Request
        yield scrapy.Request(url=self.new_start % (i), callback=self.parse)
        self.page += 1
```

pipelines.py 依然不变，如下所示。

```
# coding=gbk
import urllib
import urllib.request
import os
class FirstPipeline(object):
    def open_spider(self, item):
        print('开始爬取...')
    def process_item(self, item, spider):
        title = item['name']
        url = item['img']
        suffix = os.path.splitext(url)[-1]
        urllib.request.urlretrieve(url, filename="photo/%s%s" % (title, suffix))
        print('图片----%s----保存成功' % title)
        return item
    def close_spider(self, item):
        print('爬取结束...')
```

编写 start.py 用于直接右键运行项目，避免命令行的运行，代码如下所示。

```
from scrapy import cmdline
cmdline.execute(['scrapy','crawl','an'])
```

运行 start.py，爬取 10 页（读者可以尝试其他页数），输出日志如图 7-14 所示。

• 图 7-14　输出日志

保存后的相册如图 7-15 所示。

• 图 7-15　保存后的相册

由于每一个种类的图片规律都一样，可以设置：关键字+页码爬取，只需要对 an.py 做一下小改动即可，如下所示。

```python
import scrapy
from ..items import FirstItem
import os
class AnSpider(scrapy.Spider):
    name = 'an'
    allowed_domains = ['pic.netbian.com']  # 搜索域名范围
    global num
    num = int(input('想要爬取多少页？'))
    category = ['4kfengjing', '4kyouxi', '4kmein', '4kdongman', '4kdongwu', '4kyingshi']
    global lei
    lei = input('爬取种类是什么？')
    # 第二页
    page = 2
    new_start = 'https://pic.netbian.com/{}/index_%d.html'.format(lei)
    start_urls = ['https://pic.netbian.com/{}/index.html'.format(lei)]  # 起始页
    item = FirstItem()
    def parse(self, response):
        img = response.xpath("//ul[@class='clearfix']/li")
        zhui = 'https://pic.netbian.com/'
        item = FirstItem()  # 使用 items 中的 FirstItem
        # 爬取第一页
        for i in img:
            img = i.xpath('a/img/@src').extract_first()
            url = zhui + img
            title = i.xpath('a/b/text()').extract_first()
            item['name'] = title  # 填充到
            item['img'] = url
            yield item
        # 爬取第二页以及后面的页码
        for i in range(self.page, num):
            print('-----------------', i)
            if self.page == num:
                break
            # 请求 Request
            yield scrapy.Request(url=self.new_start % (i), callback=self.parse)
            self.page += 1
```

　　希望读者认真体会该案例的分析过程，因为爬虫的项目代码有可能过期失效，希望读者能够根据这样的分析学习对应的方法。

7.4 实战二：视频分析

　　按照步骤来完成下载任务，如下所示。

1）创建项目文件。

2）确定目标。

3）Items 定制。

4）settings 设置配置修改。

5）数据提取。

6）Pipelines 数据保存。

前四步都是一些固定的创建修改，笔者在这里把前四步归纳为基本搭建，所以就变成了三个步骤，如下所示。

1）基本搭建。

2）数据提取。

3）Pipelines 数据保存。

▶▶ 7.4.1 基本搭建

在 terminal 中进入 Scrapy 目录，创建一个名为 second 的项目，命令为 scrapy startproject second，如图 7-16 所示，表示创建成功。

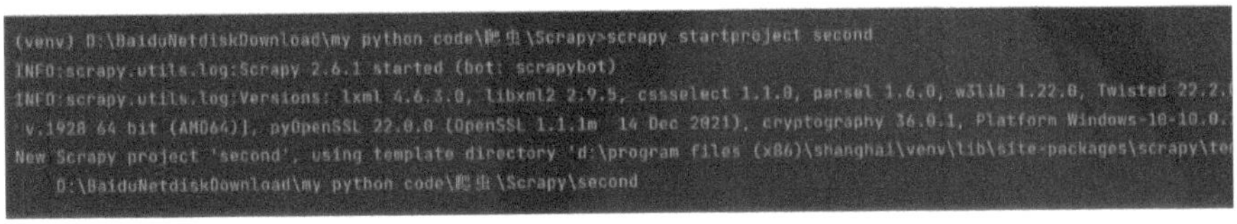

● 图 7-16 项目创建

确定目标网址为 https://www.ygdy8.com/index.html，使用 cd 命令切换到项目下，创建 movie 目标文件，命令如下所示。

```
scrapy genspider  movie https://www.ygdy8.com/index.html
```

如图 7-17 所示，表示创建成功。

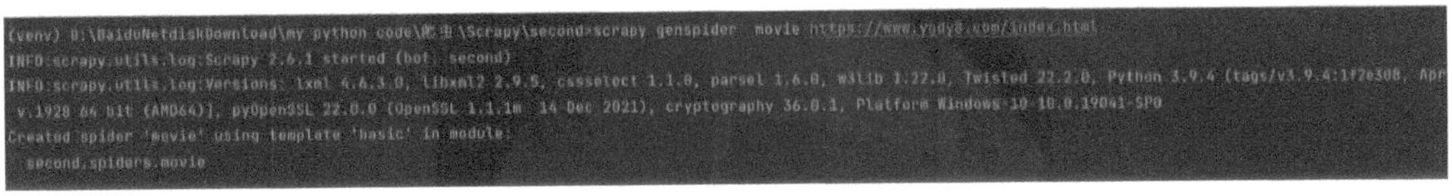

● 图 7-17 创建项目

修改配置如下所示。

1）找到 USERAGENT = ' first（+http：//www. yourdomain. com）'修改为你的请求头，比如 USERAGENT = 'Mozilla/5.0（Linux；Android 6.0；Nexus 5 Build/MRA58N）AppleWebKit/537.36（KHTML, like Gecko）Chrome/99.0.4844.74 Mobile Safari/537.36 '

2）找到 ROBOTSTXTOBEY = True 这次修改为 ROBOTSTXTOBEY = False（比如并不想要遵守 robot 协议）。

3）DOWNLOAD_DELAY = 3 这一行取消注释，表示设置为下载速度延时 3s。

4）找到 ITEM_PIPELINES = {

```
'dianying.pipelines.DianyingPipeline': 300,
} 这部分代码取消注释
```

在 second 目录下（setting.py 同级目录）创建一个 start.py 文件，编写内容如下所示。

```
from scrapy import cmdline
cmdline.execute(['scrapy', 'crawl', 'movie'])
```

▶▶ 7.4.2　数据提取

提取数据前首先要分析网页，由于它有多个种类，这里仅分析欧美电影，网址为 https://www.ygdy8.com/html/gndy/oumei/index.html。所以 movie.py 修改目标网址为：start_urls = ['https://www.ygdy8.com/html/gndy/oumei/index.html']。

单击鼠标右键，在弹出的快捷菜单栏中选择"检查"命令，分析网页，任意选择一部电影进行定位，如图 7-18 所示。

● 图 7-18　定位电影

把定位这一部分网页代码复制出来，方便读者查看，代码如下所示。

```
<ul>
<table width="100%" border="0" cellspacing="0" cellpadding="0" class="tbspan" style=
"margin-top:6px">
<tbody><tr>
<td height="1" colspan="2" background="/templets/img/dot_hor.gif"></td>
</tr>
<tr>
<td width="5%" height="26" align="center"><img src="/templets/img/item.gif" width="18"
height="17"></td>
<td height="26">
<b>
<a class="ulink" href="/html/gndy/jddy/index.html">[综合电影]</a>
```

```
<a href="/html/gndy/jddy/20220323/62445.html" class="ulink">2022 年喜剧《儿女一箩筐》BD 中英
双字</a>
</b>
```

从上面可以看出每一部电影获取匹配方式为：ul 标签下有多个 table 标签，一个 table 标签为一部电影的完整内容，而电影的具体内容仅仅在 table 的一个 b 标签里面，代码如下所示。

```
<b>
<a class="ulink" href="/html/gndy/jddy/index.html">[综合电影]</a>
<a href="/html/gndy/jddy/20220323/62445.html" class="ulink">2022 年喜剧《儿女一箩筐》BD 中英
双字</a></b>。
```

分析 b 标签里面有两个 a 标签带有链接，全部点击查看，第一个 a 标签还是回到主页，第二个 a 标签则跳转到该电影的主页，如图 7-19 所示。

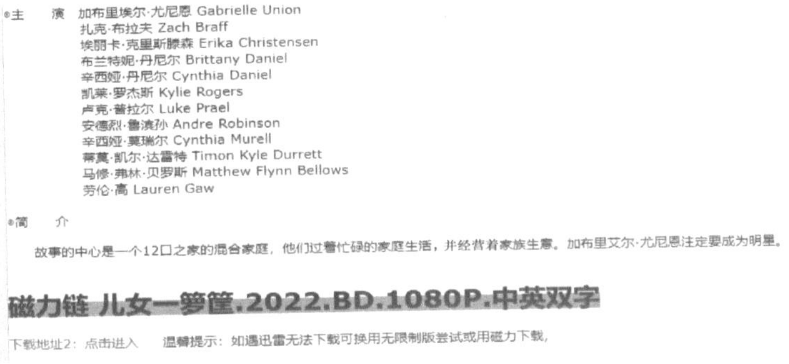

● 图 7-19　定位分析

现在开始编写 movie.py，首先需要得到每一部电影的 table，拿到其中一个 table 分析，代码如下所示。

```
<table width="100%" border="0" cellspacing="0" cellpadding="0" class="tbspan" style=
"margin-top:6px">
```

用 XPath 定位，如下所示。

```
tables = response.xpath('//table[@class="tbspan"]')
print(tables) #打印验证
```

验证一下是否定位正确，运行 satrt.py 后，结果如下（展示一部分）。

```
[<Selector xpath='//table[@class="tbspan"]' data='<table width="100%"
border="0" cellsp...'>, <Selector xpath='//table[@class="tbspan"]'
data='<table width="100%"
……
xpath='//table[@class="tbspan"]' data='<table width="100%" border="0"
cellsp...'>, <Selector xpath='//table[@class="tbspan"]' data='<table
width="100%" border="0" cellsp...'>]
```

可以看到有匹配到的内容，现在用 for 循环遍历提取标题和 a 标签中的简介，它是 table 中最后一个 tr 标签下 td 标签的文本，如图 7-20 所示。

```
▼<tr>
  ▼<td colspan="2" style="padding-left:3px">
    "◎译 名 儿女一箩筐 ◎片 名 Cheaper by the Dozen ◎年 代 2022 ◎产 地
    美国 ◎类 别 喜剧/爱情/家庭/冒险 ◎语 言 英语 ◎字 幕 中英双字 ◎上映
    日期 2022-03-18(美国) ◎IMDb评分 4.3/10 from 1538 users ◎片 长 107分
    钟 ◎导 演 盖尔勒纳 Gail Lerner ◎编 剧 肯"
  </td>
</tr>
</tbody>
</table>
```

● 图 7-20　定位简介分析

所以定位电影名称和简介，代码如下所示。

```
# 电影名称,电影简介
tables = response.xpath('//table[@class="tbspan"]')
for t in tables:
    # 对两个 a 标签用 extract 匹配全部结果,.extract_first 匹配第一个
    name = t.xpath('.//a[@class="ulink"]/text()').extract()
    info = t.xpath('.//tr[last()]/td/text()').extract_first()
    print(name)
    print(info)
```

运行 start.py，检查一下是否匹配成功（没报错表示成功），输出结果如图 7-21 所示。

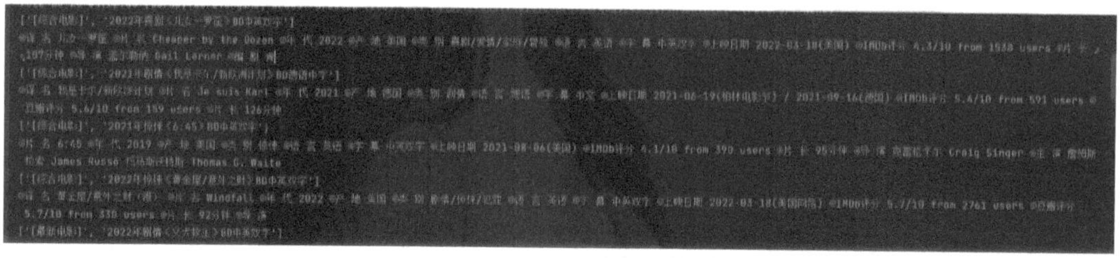

● 图 7-21　输出结果

可以看到标题是一个列表类型，因为在这里用的是 extract( ) 方法，该方法会返回所有匹配的内容，所以是列表类型，这个方法用得较少，一般使用 extract_first( ) 方法较多，它则是返回匹配到的第一个内容。由于是一个列表，加一个索引即可提取到对应内容，如下所示。

```
extract()[0]
```

需要获取到电影的主页链接，它跟电影名称一样在第二个 a 标签的 href 属性中，而且可以看到 href 中的链接不全，省略的前缀为 https://www.ygdy8.com，所以需要拼接为完整的，如图 7-22 所示。

```
▼<b>
  <a class="ulink" href="/html/gndy/jddy/index.html">[综合电影]</a>
  <a href="/html/gndy/jddy/20220323/62445.html" class="ulink">2022年
  喜剧《儿女一箩筐》BD中英双字</a>
</b> == $0
```

● 图 7-22　链接定位

所以匹配获取如下，这里顺便验证 extract( ) 与 extract_first( ) 的区别，代码如下所示。

```
url = 'https://www.ygdy8.com' + t.xpath('.//a[last()]/@href').extract_first()
url2 = 'https://www.ygdy8.com' + t.xpath('.//a[last()]/@href').extract()[0]
print(url)
print(url2)
```

运行 start.py，输出结果如下所示（展示部分）。

```
https://www.ygdy8.com/html/gndy/jddy/20220323/62445.html
https://www.ygdy8.com/html/gndy/jddy/20220323/62445.html
https://www.ygdy8.com/html/gndy/jddy/20220323/62444.html
https://www.ygdy8.com/html/gndy/jddy/20220323/62444.html
https://www.ygdy8.com/html/gndy/jddy/20220322/62443.html
....省略
```

可以点击其中一个链接，看看是否是一个可用链接，现在基本已经确定了具体目标，到 items.py 中进行修改，如下所示。

```
class SecondItem(scrapy.Item):
    name = scrapy.Field()
    info = scrapy.Field()
```

回到 movie.py，添加如下内容。

```
from ..items import SecondItem
item = SecondItem()
item['name'] = name
item['info'] = info
```

接下来需要的是获取电影的下载链接和海报，单独定义一个 parse_detai 函数，获取电影具体信息，代码如下所示。

```
def parse_detail(self, response):
    # 把上面的 Item 传递过来
    item = response.meta['item']
```

现在只能写到这里，随意点击一部电影链接进行分析，如图 7-23 所示。

● 图 7-23　定位分析

把图片这一部分代码复制出来，方便大家看得更清楚，代码如下所示。

```
<img border="0"
src="https://img9.doubanio.com/view/photo/l_ratio_poster/public/p2534964879.jpg"
alt="" style="MAX-WIDTH: 400px">
```

可以看到图片就在 img 标签的 src 属性中，所以还是使用 XPath 定位，代码如下所示。

```
posters=response.xpath('//img/@src').extract_first()
```

再来看一下视频下载部分，如图 7-24 所示。

● 图 7-24　视频定位分析

但这里不允许通过链接下载视频，点开链接后显示资源被删除，如图 7-25 所示。

很抱歉，您要访问的页面已被删除或不存在。

1. 请检查您输入的网址是否正确。
2. 如果您不能确认您输入的网址，请浏览点这里进入网站首页！
3. 最好的迅雷电影下载站-更多精彩内容点击这里进入！！！

● 图 7-25　资源被删除

由于只能提取到海报，所以 items.py 完整代码如下所示。

```
class SecondItem(scrapy.Item):
    name = scrapy.Field()
    info = scrapy.Field()
    poster = scrapy.Field()
```

暂且只获取到的内容有：电影名称、简介、海报。只要能获取到链接，依然使用前面学过的 Requests 方法下载即可，或者使用最原始的方法 urlretrieve 下载。

movie.py 完整代码如下所示。

```
# coding=gbk
import scrapy
```

```
from ..items import SecondItem
class MovieSpider(scrapy.Spider):
    name = 'movie'
    allowed_domains = ['www.ygdy8.com']
    start_urls = ['https://www.ygdy8.com/html/gndy/oumei/index.html']
    def parse(self, response):
        # 电影名称,电影简介
        tables = response.xpath('//table[@class="tbspan"]')
        for t in tables:
            # 对两个 a 标签用 extract 匹配全部结果,.extract_first 匹配第一个
            name = t.xpath('.//a[@class="ulink"]/text()').extract()[0]
            info = t.xpath('.//tr[last()]/td/text()').extract_first()
            # print(name)
            # print(info)
            url = 'https://www.ygdy8.com' + t.xpath('.//a[last()]/@href').extract_first()
            # print(url)
            item = SecondItem()
            item['name'] = name
            item['info'] = info
            yield scrapy.Request(url=url, callback=self.parse_detail, meta={'item': item})
    def parse_detail(self, response):
        # 把上面的 Item 传递过来
        item = response.meta['item']
        posters = response.xpath('//img/@src').extract_first()
        item['poster'] = posters
        yield item
```

运行结果如图 7-26 所示。

● 图 7-26 运行结果

7.4.3 Pipelines 保存数据

编写 pipelines.py,在这之前确保在 setting.py 中已经取消注释。

```
ITEM_PIPELINES = {
    'second.pipelines.SecondPipeline': 300,
}
```

这里把它保存为 json 格式，所以 pipelines.py 编写如下所示。

```
# coding=gbk
import json
class SecondPipeline:
def __init__(self):
    self.f = open('movie.json', 'w', encoding='utf-8')
def open_spider(self, item):
    print('开始爬取....')
def process_item(self, item, spider):
    print(item)
    # 将从 spider 文件传过来的数据使用 dict()进行数据类型的转换,并转换成字典
    self.f.write(json.dumps(dict(item), ensure_ascii=False) + '\n')
    # ensure_ascii=False 防止中文乱码
def close_spider(self, item):
    print('爬取结束...')
```

运行 start.py，结果如图 7-27 所示。

● 图 7-27 运行结果

7.5 实战三：文字爬取

我们依然按照步骤来爬取（其中前四步可归纳为基本搭建）。

1) 创建项目文件。
2) 确定目标。
3) Items 定制。
4) settings 设置配置修改。
5) 数据提取。
6) 保存 Pipelines 数据。

▶▶ 7.5.1 基本搭建

（1）创建项目名为 three 的命令为 scrapy startproject three，如图 7-28 所示。

```
(venv) D:\BaiduNetdiskDownload\my python code(爬虫)\Scrapy>scrapy startproject three
INFO:scrapy.utils.log:Scrapy 2.6.1 started (bot: scrapybot)
INFO:scrapy.utils.log:Versions: lxml 4.6.3.0, libxml2 2.9.5, cssselect 1.1.0, parsel 1.6.0, w3lib 1.22.0, Twisted 22.2.0, Python 3.9.4 (tags/v3.9.4:1f2e
 v.1928 64 bit (AMD64)], pyOpenSSL 22.0.0 (OpenSSL 1.1.1m  14 Dec 2021), cryptography 36.0.1, Platform Windows-10-10.0.19041-SP0
New Scrapy project 'three', using template directory 'd:\program files (x86)\shanghai\venv\lib\site-packages\scrapy\templates\project', created in:
 D:\BaiduNetdiskDownload\my python code(爬虫)\Scrapy\three

You can start your first spider with:
 cd three
 scrapy genspider example example.com
```

● 图 7-28　创建项目

（2）确定目标网址为 http：//www.ichong123.com/news/xiaogushi/。创建文件，首先切换到对应目录，再执行对应命令，代码如下所示。

```
cd three
scrapy genspider chong  http://www.ichong123.com/news/xiaogushi/
```

（3）settings 设置修改。

1）找到 USERAGENT = ' first（+http：//www.yourdomain.com）'修改为你的请求头，比如 USERAGENT = ' Mozilla/5.0（Linux；Android 6.0；Nexus 5 Build/MRA58N）AppleWebKit/537.36（KHTML，like Gecko）Chrome/99.0.4844.74 Mobile Safari/537.36 '。

2）找到 ROBOTSTXTOBEY = True 修改为 ROBOTSTXTOBEY = False（比如并不想要遵守 robot 协议）。

3）DOWNLOAD_DELAY = 3 取消注释，表示设置为下载速度延时 3s。

4）找到 ITEM_PIPELINES = {'dianying. pipelines. DianyingPipeline': 300,} 这一部分取消注释。查看要爬取的内容：图片、标题、内容，如图 7-29 所示。

● 图 7-29　找到目标

可以提前在 items.py 中修改如下所示。

```
import scrapy
class ChongwuItem(scrapy.Item):
    img_url = scrapy.Field()
    name = scrapy.Field()
    info=scrapy.Field()
```

编写 start.py，内容如下所示。

```
from scrapy import cmdline
cmdline.execute(['scrapy', 'crawl', 'chong'])
```

▶▶ 7.5.2 数据提取

使用鼠标右键检查并分析网页，如图 7-30 所示。

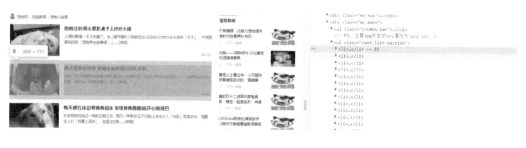

● 图 7-30 分析网页

每一个完整内容都在一个 ul 标签下的 li 标签中，具体看标题部分，如图 7-31 所示。

● 图 7-31 定位分析

把这一部分内容复制出来，方便读者查看，如下所示。

```
<div class="list_tit">
<a href="http://www.ichong123.com/news/123964.html">助教汪听课太累趴桌子上呼呼大睡 </a>
</div>
```

可以看到标题在属性为 list_tit 的 div 标签下的 a 标签中，可以用 XPath 定位。再来看一下图片部分，如图 7-32 所示。

● 图 7-32 图片定位

将这部分网页代码复制出来，方便读者查看，如下所示。

```
<a href="http://www.ichong123.com/news/123964.html" class="rls-pic">
<img alt="助教汪听课太累趴桌子上呼呼大睡"
src="http://www.ichong123.com/files/2019/4/9/112/0a.jpg">
</a>
```

在这里可以看到图片在 a 标签中的 src 属性中，同时也可以看到 alt 属性也是标题，与上面的分析是冲突的，可以就近选择 alt 中的标题。再来看具体内容部分，如图 7-33 所示。

● 图 7-33　具体内容部分

将这部分网页代码复制出来，方便读者查看，如下所示。

```
<p>上课好累喔~本汪先睡了。史上最可爱的小助教在此!
平常跟着妈妈到「宠物养生按摩课」
上......<a href="http://www.ichong123.com/news/123964.html">
[详细]</a>,</p>
```

从上述网页代码中可以看到内容在一个 p 标签中。现在修改 chong.py 代码，将 start_urls 修改成如下所示。

```
start_urls = ['http://www.ichong123.com/news/xiaogushi/']
```

接下来再编写 parse 函数，首先还是获取 li 标签，如下所示。

```python
def parse(self, response):
    li_list = response.xpath('//ul[@class="root-list-section"]/li')
    print('列表长度为:', len(li_list))
    for li in li_list:
        print(li)
```

运行 start.py，输出结果如下所示。

```
列表长度为:20
<Selector xpath='//ul[@class="root-list-section"]/li' data='<li>\n
<a href="http://www....'>
<Selector xpath='//ul[@class="root-list-section"]/li' data='<li>\n
<a href="http://www....'>
<Selector xpath='//ul[@class="root-list-section"]/li' data='<li>\n
<a href="http://www....'>
<Selector xpath='//ul[@class="root-list-section"]/li' data='<li>\n
```

```
<a href="http://www....'>
<Selector xpath='//ul[@class="root-list-section"]/li' data='<li>\n
<a href="http://www....'>
<Selector xpath='//ul[@class="root-list-section"]/li' data='<li>\n
<a href="http://www....'>
...
```

现在开始匹配标签中的具体内容，此部分的网页标签如下所示。

```
<img alt="助教汪听课太累趴桌子上呼呼大睡"
src="http://www.ichong123.com/files/2019/4/9/112/0a.jpg">
```

用 XPath 匹配标题和链接，如下所示。

```
for li in li_list:
    # print(li)
    img_url = li.xpath('.//img/@src').extract_first()
    name = li.xpath('.//img/@alt').extract_first()
    print(img_url)
    print(name)
```

运行 start.py，输出结果如下所示。

```
列表长度为:20
None
助教汪听课太累趴桌子上呼呼大睡
None
男子骑单车环游,却被小家伙强行打乱计划
...
```

为什么第一个变成了 None？如果按照 XPath 语法匹配是没问题的，说明看到的这个 HTML 并不是完全真实的，所以换个方法检查代码。单击鼠标右键，在弹出的快捷菜单栏中选择 "查看网页源代码" 命令，找到内容部分，如图 7-34 所示。

```
240                          <li>
241          <a href="http://www.ichong123.com/news/123964.html" class="rls-pic">
242              <img lazy-src="http://www.ichong123.com/files/2019/4/9/112/0a.jpg" alt="助教汪听课太累趴桌呼呼大睡 马麻笑:当狗真好">
243          </a>
244              <div class="list_tit">
245              <a href="http://www.ichong123.com/news/123964.html">助教汪听课太累趴桌呼呼大睡 马麻笑:当狗真好</a>
246          </div>
247          <p>上课好累喔～本汪先睡了。史上最可爱的小助教在此!住在台北市的6岁米克斯「天天」，平常跟着妈妈到「宠物养生按摩课」上......<a href="http
248          </p>
249          <div class="rls-date">04-09</div>
```

● 图 7-34　查看网页源代码

将定位部分复制出来，便于读者查看，如下所示。

```
<a href="http://www.ichong123.com/news/123964.html" class="rls-pic">
<img lazy-src="http://www.ichong123.com/files/2019/4/9/112/0a.jpg" alt="助教汪听课太累趴
桌子上呼呼大睡">
</a>
```

原来真实的 src 标签叫作 lazy-src，所以修改 XPath，如下所示。

```
img_url = li.xpath('.//img/@lazy-src').extract_first()
```

再次运行 start.py，输出结果如下所示。

```
列表长度为:20
http://www.ichong123.com/files/2019/4/9/112/0a.jpg
助教汪听课太累趴桌子上呼呼大睡
http://www.ichong123.com/files/2019/4/9/69/0a.jpg
男子骑单车环游,却被小家伙强行打乱计划
http://www.ichong123.com/files/2019/4/9/1/0a.jpg
每天都在床边等妈妈起床,发现妈妈睁眼就开心地摇尾巴
....
```

接着继续获取 p 标签中的内容，如下所示。

```
info=li.xpath('.//p/text()').extract_first()
print(info)
```

运行 start.py，进行输出，读者可自行实践。

把内容封装到 Item 中，完整代码如下所示。

```
# coding=gbk
import scrapy
from ..items import ThreeItem
class ChongSpider(scrapy.Spider):
    name = 'chong'
    allowed_domains = ['www.ichong123.com']
    start_urls = ['http://www.ichong123.com/news/xiaogushi/']
    def parse(self, response):
        li_list = response.xpath('//ul[@class="root-list-section"]/li')
        print('列表长度为:', len(li_list))
        item=ThreeItem()
        for li in li_list:
            # print(li)
            img_url = li.xpath('.//img/@lazy-src').extract_first()
            name = li.xpath('.//img/@alt').extract_first()
            info = li.xpath('.//p/text()').extract_first()
            item['img_url'] = img_url
            item['name'] = name
            item['info'] = info
            yield item
```

尝试爬取多页，这与第一个实战是相同的方法，看一下前三页的页码规律，如下所示。

1）第一页：http://www.ichong123.com/news/xiaogushi/。

2）第二页：http://www.ichong123.com/news/xiaogushi/index_2.html。

3）第三页：http://www.ichong123.com/news/xiaogushi/index_3.html。

除了第一页，后续的页面规律如下所示。

http://www.ichong123.com/news/xiaogushi/index_%d.html

完全可以对比第一个实战写出来，这里不重复进行讲解，完整代码如下所示。

```python
# coding=gbk
import scrapy
from ..items import ThreeItem
class ChongSpider(scrapy.Spider):
    name = 'chong'
    allowed_domains = ['www.ichong123.com']
    global num
    num = int(input('想要爬取多少页? '))
    #第二页
    page = 2
    new_start = 'http://www.ichong123.com/news/xiaogushi/index_%d.html'
    start_urls = ['http://www.ichong123.com/news/xiaogushi/']  #起始页
    def parse(self, response):
        li_list = response.xpath('//ul[@class="root-list-section"]/li')
        print('列表长度为:', len(li_list))
        item=ThreeItem()
        #爬取第一页
        for li in li_list:
            # print(li)
            img_url = li.xpath('.//img/@lazy-src').extract_first()
            name = li.xpath('.//img/@alt').extract_first()
            info = li.xpath('.//p/text()').extract_first()
            item['img_url'] = img_url
            item['name'] = name
            item['info'] = info
            yield item
        #爬取第二页以及后面的页码
        for i in range(self.page, num):
            print('正在爬取的页码为:', i)
            if self.page == num:
                break
            # 请求 Request
            yield scrapy.Request(url=self.new_start % (i))
            self.page += 1
```

▶▶ 7.5.3　Pipelines 保存数据

把内容保存为 json 格式，并且把图片下载下来，首先在 three 目录下创建一个 images 文件夹，数据下载部分代码如下所示。

```python
# coding=gbk
import urllib
import urllib.request
```

```
import os
class ThreePipeline:
    class ChongwuPipeline(object):
        def __init__(self):
            self.f = open('movie.json', 'w', encoding='utf-8')
        # 处理数据,保存到本地
        def process_item(self, item, spider):
        # 处理 Item,两个字段 img_url,name
        img_url = item['img_url']
        name = item['name']
        # 保存 json
        self.f.write(json.dumps(dict(item), ensure_ascii=False) + '\n')
        # 下载图片
        zhui = os.path.splitext(img_url)[-1] # 后缀 jpg/png/gif
        urllib.request.urlretrieve(img_url, filename="./images/% s% s" % (name, zhui))
        print('图片---%s---保存成功' % (name))
        return item
```

运行 start.py，保存图片。

项目文件结构如图 7-35 所示。

● 图 7-35 项目文件结构

7.6 Pipelines 的多文件执行

在前面的小节中，我们学习了 Scrapy 框架的基本使用，接下来回顾基本的知识点，如表 7-2 所示。

表 7-2 知识点

如何创建一个项目	Scrapy startproject 项目名称
如何创建一个目标文件	Scrapy genspider 应用名称爬取网址
如何定制 Item	根据爬取的具体目标，在 Items.py 中进行添加

类似的知识点需要回顾，例如如何修改基本的配置？如何提取数据？如何使用 Pipelines 保存数

据？这些都要记得，忘记知识点的读者需要再去回顾前面的章节。

本节补充这样一个问题：爬取不同的目标网站，都要去单独创建一个项目文件吗？Scrapy 框架与其他的模块不同的是，它还可以在一个框架中完成多个目标网址的爬取，依然用上一章的例子进行讲解。

例如想要在 three 项目文件完成某网的爬取，可以直接在 three 项目中添加某网，创建文件如下所示。

```
cd three
scrapy genspider tu pic.netbian.com
```

创建好的项目如图 7-36 所示。

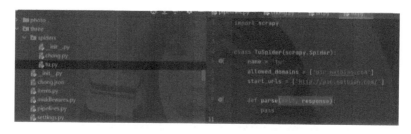

● 图 7-36 创建好的项目

仅仅做一个简单的演示，稍微修改一下 tu.py 即可，代码如下所示。

```
class TuSpider(scrapy.Spider):
    name = 'tu'
    allowed_domains = ['pic.netbian.com']
    start_urls = ['https://pic.netbian.com/4kfengjing/index.html']

    def parse(self, response):
        img = response.xpath("//ul[@class='clearfix']/li")
        # 爬取第一页
        for i in img:
            img = i.xpath('a/img/@src').extract_first()
            print(img)
```

现在问题来了，pipeline.py 该怎样判断执行哪一个文件呢？在没有添加之前，它执行的是 chong.py，现在添加了一个新的文件 tu.py。这里回到 pipelines.py 中，查看一下 def process_item(self, item, spider) 函数，Item 是传过来的数据，在前面并没有讲到 spider 参数。先来尝试打印一下 spider 和它的类型，代码如下所示。

```
def process_item(self, item, spider):
    print(spider)
    print(type(spider))
```

运行 start.py，结果如下所示。

```
<ChongSpider'chong' at 0x2a7dd690a90>
<class'three.spiders.chong.ChongSpider'>
```

从输出的类型 three.spiders.chong.ChongSpider，可以对它进行解释。

1）three：表示项目文件是 three。

2）spiders：这个就是固定的，没有别的含义。

3）chong：表示开始创建某网的文件名。

4）ChongSpider：关于 chong 文件的 spider。

再来打印一下 name 属性，如下所示。

```
def process_item(self, item, spider):
        print(spider.name)
```

运行输出结果如下所示（展示部分）。

```
chong
chong
chong
...
chong
chong
```

可以看到 name 属性就是文件名，所以就好区分了，再通过 name 属性来判断该执行哪一个文件，可以用 if 进行判断，代码如下所示。

```
def process_item(self, item, spider):
    if spider.name=='chong':
        # 保存 json
        self.f.write(json.dumps(dict(item), ensure_ascii=False) +'\n')
        return item
    else:
        print('测试执行')
```

现在执行的是 chong.py，想要执行新添加的 tu..py，只需要在 start.py 中修改执行的文件名即可，如下所示。

```
from scrapy import cmdline
# cmdline.execute(['scrapy', 'crawl', 'chong'])
cmdline.execute(['scrapy', 'crawl', 'tu'])
```

这样再执行 start.py，输出就是 tu.py 文件的内容，如下所示。

```
/uploads/allimg/220327/001531-1648311331f68a.jpg
/uploads/allimg/180826/113958-1535254798fc1c.jpg
/uploads/allimg/180315/110404-152108304476cb.jpg
...
/uploads/allimg/210810/231712-16286086323788.jpg
/uploads/allimg/170609/123945-14969831856c4d.jpg
```

7.7 日志记录

假如想要设置一个定时任务的爬取，不可能一直去看着屏幕输出，终端输出的内容太多，实在很难看下去，所以需要一个日志来记录爬取，这里可以使用 logging 模块。

7.7.1 logging 的语法

Python 的内置日志记录定义了 5 个不同的级别来指示给定日志消息的严重性，以下是根据严重程度降序排列。

1）logging.CRITICAL：用于严重错误（最高严重性）。

2）logging.ERROR：用于常规错误。

3）logging.WARNING：用于警告信息。

4）logging.INFO：用于信息性消息。

5）logging.DEBUG：用于调试消息（最低严重性）。

单独创建一个文件 test.py 来进行测试，以下是如何使用 logging.WARNING 级别记录消息的简单示例。

```
import logging
logging.warning("This is a warning")
```

输出结果如下所示。

```
WARNING:root:This is a warning
```

使用 logging.getLogger 函数来获取执行的名称，因为 root 不知道它到底表示的是哪一个文件，比如在这里传入 test，如下所示。

```
import logging
logger = logging.getLogger('test')
logger.warning("This is a warning")
```

运行输出结果如下所示。

```
WARNING:test:This is a warning
```

可以看到警告的显示是 test 而不是 root，难道每一个这样的文件都要手动添加吗？可以使用 name 变量填充当前模块的路径，而不是手动添加，代码如下所示。

```
import logging
logger = logging.getLogger(__name__)
logger.warning("This is a warning")
```

7.7.2 简单使用

例如在 tu.py 中抛出一个警告，代码如下所示。

```
# coding=gbk
import scrapy
import logging
logger = logging.getLogger(__name__)
class TuSpider(scrapy.Spider):
    name = 'tu'
    allowed_domains = ['pic.netbian.com']
    start_urls = ['https://pic.netbian.com/4kfengjing/index.html']
    def parse(self, response):
        logger.warning('这里有一个警告...')
```

运行输出结果如下所示。

```
WARNING:three.spiders.tu:这里有一个警告...
2022-03-27 01:40:26 [three.spiders.tu] WARNING:这里有一个警告...
INFO:scrapy.core.engine:Closing spider (finished)
```

如果想要把它输出到一个文件中而不是终端，这里需要在 setting.py 中的随便一处添加一行：LOG_FILE='../log.log'。同时确保已经添加：LOG_LEVEL=' WARNING '，如果没添加，日志中会保存很多不相关的内容。这样再运行 start.py，可以看到生成的日志如图 7-37 所示。

● 图 7-37　生成的日志

这里仅演示的是 warning，读者也可以根据需求尝试一下其他的级别。logging 也可以在 pipelines. py 中使用，该模块是比较通用的，代码如下所示。

```
import logging
logger = logging.getLogger(__name__)
class ThreePipeline:
    def __init__(self):
        self.f = open('chong.json', 'w', encoding='utf-8')
    def open_spider(self, item):
        print('开始爬取....')
    # 处理数据,保存到本地
    def process_item(self, item, spider):
        logger.warning('这里有一个警告...')
    def close_spider(self, item):
        print('爬取结束...')
```

同时还需要在 tu.py 中添加 yield 空字典，如下所示。

```
def parse(self, response):
    logger.warning('这里有一个警告...')
    yield {}
```

运行 start.py，可以看到执行的是 Pipelines，如图 7-38 所示。

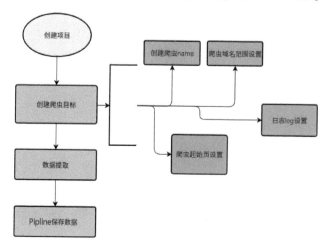

● 图 7-38　执行结果

这里总结了一个基本流程，可以看到该框架的实现步骤，如图 7-39 所示。

● 图 7-39　该框架的实现步骤

7.8　使用选择器

当抓取网页时，最常见的任务是从 HTML 代码中提取数据。现有的一些库可以达到这个目的，如下所示。

1）BeautifulSoup 是非常流行的网页分析库，它基于 HTML 代码的结构来构造一个 Python 对象，对不完整网页的处理也非常合理，但它有一个缺点：慢。

2）lxml 是一个基于 ElementTree（不是 Python 标准库的一部分）的 Python 化的 XML 解析库（也可以解析 HTML）。

Scrapy 提取数据有自己的一套机制，它们被称作选择器（seletors），因为它们通过特定的 XPath或者 CSS 表达式来选择 HTML 文件中的某个部分。Scrapy 选择器构建于 lxml 库之上，这意味着它们在速度和解析准确性上非常相似。在上面的章节中，直接使用的是 XPath 匹配，它也属于选择器的一部分，比如创建一个 1.py，如下所示。

```
from scrapy.selector import Selector
body = '<html><body><span>hello world</span></body></html>
```

```
text=Selector(text=body).xpath('//span/text()').extract_first()
print(text)
```

运行输出结果如下所示。

```
hello world
```

这里没有使用框架，把它单独拿出来做了演示。在选择器中添加 text 参数，解析 body 标签，然后继续使用 XPath 语法匹配到 span 标签下的文本。下面介绍 Scrapy shell 的使用。

▶ 7.8.1　Scrapy shell 基本使用

这里使用官方的网址来测试讲解，网址如下所示。

```
http://doc.scrapy.org/en/latest/_static/selectors-sample1.html
```

单击鼠标右键，在弹出的快捷菜单栏中选择"检查"命令，选中 html 标签，以 HTML 格式进行修改，复制出所有代码，如下所示。

```html
<html>
<head>
<base href="http://example.com/">
<title>Example website</title>
</head>
<body>
<div id="images">
<a href="image1.html">Name: My image 1 <br><img src="image1_thumb.jpg"></a>
<a href="image2.html">Name: My image 2 <br><img src="image2_thumb.jpg"></a>
<a href="image3.html">Name: My image 3 <br><img src="image3_thumb.jpg"></a>
<a href="image4.html">Name: My image 4 <br><img src="image4_thumb.jpg"></a>
<a href="image5.html">Name: My image 5 <br><img src="image5_thumb.jpg"></a>
</div>
</body>
</html>
```

在 terminal 中执行 shell 命令，如下所示。

```
scrapy shell http://doc.scrapy.org/en/latest/_static/selectors-sample1.html
```

上述命令的格式为：Scrapy shell 网址。执行命令后输出结果如下所示（只展示部分）。

```
2022-03-27 03:19:27 [asyncio] DEBUG: Using proactor: IocpProactor
[s] Available Scrapy objects:
[s]   scrapy     scrapy module (contains scrapy.Request, scrapy.Selector, etc)
[s]   crawler    <scrapy.crawler.Crawler object at 0x00000201D8138520>
[s]   item       {}
[s]   request    <GET http://doc.scrapy.org/en/latest/_static/selectors-sample1.html>
[s]   response   <200 https://doc.scrapy.org/en/latest/_static/selectors-sample1.html>
[s]   settings   <scrapy.settings.Settings object at 0x00000201D8138A30>
```

```
[s]   spider     <DefaultSpider 'default' at 0x201d87f4220>
[s] Useful shortcuts:
[s]   fetch(url[, redirect=True]) Fetch URL and update local objects (by default, redirects
are followed)
[s]   fetch(req)                  Fetch a scrapy.Request and update local objects
[s]   shelp()          Shell help (print this help)
[s]   view(response)   View response in a browser
DEBUG:asyncio:Using proactor: IocpProactor
2022-03-27 03:19:27 [asyncio] DEBUG: Using proactor: IocpProactor
In [1]:
```

现在已经进入 Scrapy shell 模式，从输出结果中可以看到有一些可选参数，重点说一下 request 请求和 response 响应，它们是很常用的。比如输入 response，按一下 Tab 键可以看到会有很多提示，如下所示。

```
In [1]: response.
         attributes  certificate encoding  follow_all  json  replace    status      urljoin
         body        copy        flags     headers     meta  request    text        xpath
         cb_kwargs   css         follow    ip_address  protocol  selector  url
```

可以直接通过上下左右键选择其中一个，当然也可以手动输入，比如选择 text 后按回车键，如图 7-40 所示，得到网页的文本。

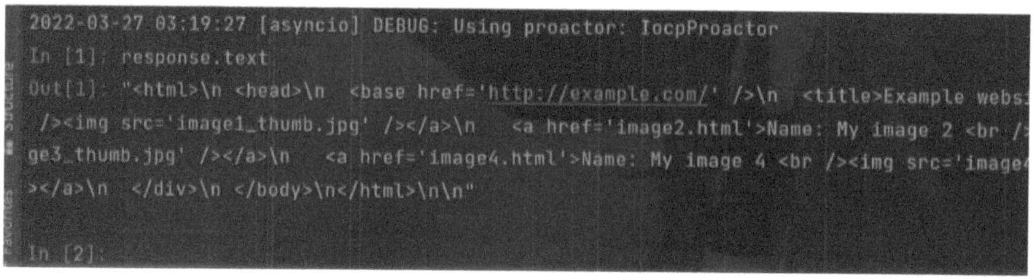

● 图 7-40　获取到的文本

查看请求的网页地址：response.url，按回车键得到的结果如图 7-41 所示。

也可以查看编码：response.encoding，按回车键，如图 7-42 所示。

● 图 7-41　查看请求网址

● 图 7-42　查看编码

其他的属性读者可以自行去尝试，方法基本一样。

7.8.2　使用 XPath 选择器

尝试使用 XPath 匹配标题文本：response.xpath（'//title/text( )'），按回车键后如图 7-43 所示。

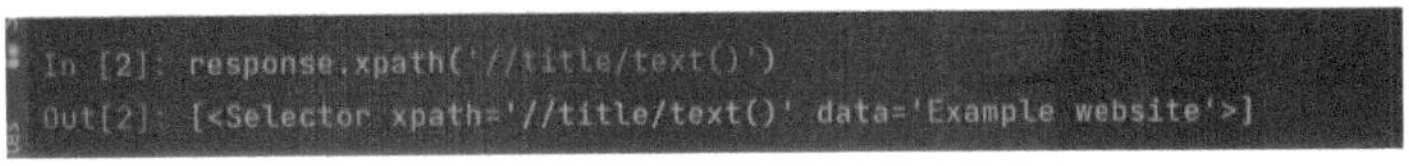

● 图 7-43　文本匹配

要提取真实数据，还需要在后面添加.extract( )_first( )方法，如下所示。

```
response.xpath('//title/text()').extract_first()
```

按回车键后的结果如图 7-44 所示。

● 图 7-44　提取数据

下面尝试获取 href 属性中的内容：

```
response.xpath('//base/@href').extract_first()
```

按回车键后的结果如图 7-45 所示。

● 图 7-45　获取链接

比如获取第二个 a 标签中的文本，如下所示。

```
response.xpath("//a[2]/text()").extract_first()
```

按回车键后的结果如下所示。

```
'Name: My image 2 '
```

因为有几个 a 标签并列，如果不使用索引，则默认匹配第一个，如下所示。

```
response.xpath("//a/text()").extract_first()
```

按回车键后的结果如下所示。

```
'Name: My image 1 '
```

▶▶ 7.8.3　CSS 选择器的语法

CSS 选择器的语法需要单独学习一下。由于在学习前端的时候学习过 CSS 内容，这里就直接列举一些常用例子和它们的详细解释，如表 7-3 所示。

表 7-3　常用例子和解释

例　子	详　细　解　释
.photo	选择 class＝"iphoto" 的所有元素
.name1.name2	选择 class 属性中同时有 name1 和 name2 的所有元素
.name1 .name2	选择作为类名 name1 元素后代的所有类名
#first	选择 id＝"first" 的元素
*	选择所有元素
p	选择所有 <p> 元素
:root	选择文档的根元素
p.intro	选择 class＝"intro" 的所有 <p> 元素
div, p	选择所有 <div> 元素和所有 <p> 元素
div p	选择 <div> 元素内的所有 <p> 元素
div > p	选择父元素是 <div> 的所有 <p> 元素
[target]	选择带有 target 属性的所有元素
[target＝_blank]	选择带有 target＝"_blank" 属性的所有元素
[title~＝flower]	选择 title 属性包含单词 "flower" 的所有元素
[lang|＝en]	选择 lang 属性等于 en，或者以 en 为开头的所有元素
a[href^＝"https"]	选择其 href 属性值以 "https" 开头的每个 <a> 元素
a[href$＝".pdf"]	选择其 href 属性以 ".pdf" 结尾的所有 <a>
a[src*＝"hello"]	选择每一个 src 属性的值包含子字符串"hello"的元素

▶▶ 7.8.4　使用 CSS 选择器

现在使用 CSS 选择器来匹配标题文本，CSS 选择器可以使用 CSS3 伪元素来选择文字或者属性节点，如下所示。

```
response.css('title::text').extract_first()
```

按回车键后的结果如图 7-46 所示。

● 图 7-46　选择文本

比如获取所有 a 标签命令为：response.css（'a'），按回车键输出，如下所示。

```
Out[19]:
[<Selector xpath='descendant-or-self::a' data='<a href="image1.html">Name: My image ...'>,
```

```
<Selector xpath='descendant-or-self::a' data='<a href="image2.html">Name: My image ...'>,
<Selector xpath='descendant-or-self::a' data='<a href="image3.html">Name: My image ...'>,
<Selector xpath='descendant-or-self::a' data='<a href="image4.html">Name: My image ...'>,
<Selector xpath='descendant-or-self::a' data='<a href="image5.html">Name: My image ...'>]
```

获取具体内容则添加 extract( ) 函数, 命令如下所示。

```
response.css('a').extract()
```

按回车键后的结果如图 7-47 所示。

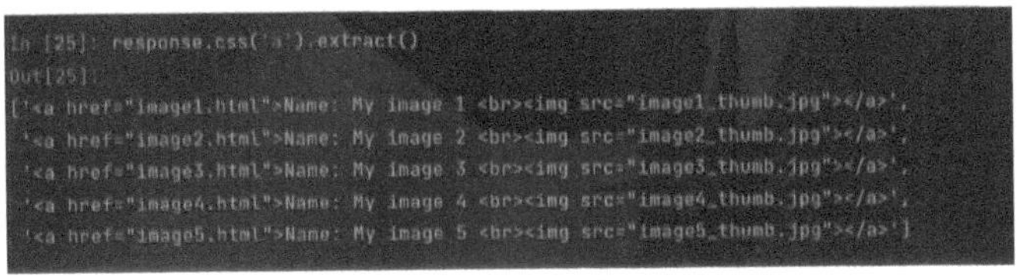

● 图 7-47　提取结果

也可以获取所有 href 属性中以 image 开头的节点, 如下所示。

```
response.css('a[href*=image]').extract()
```

按回车键后的结果如图 4-48 所示。

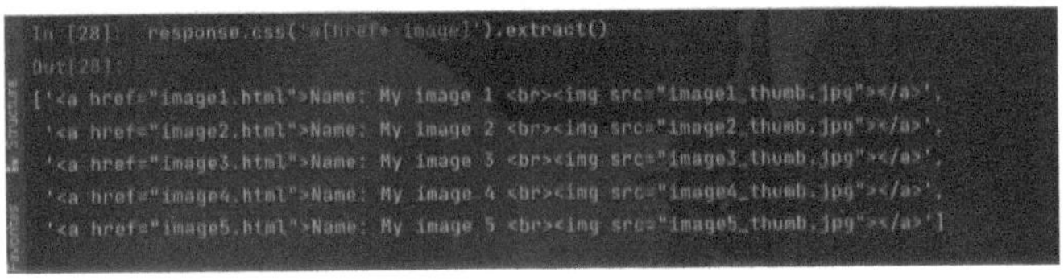

● 图 7-48　获取结果

还可以更具体一点, 例如获取所有 img 标签中的 src 属性, 命令如下所示。

```
response.css('a[href*=image] img::attr(src)').extract()
```

按回车键后输出的结果如下所示。

```
['image1_thumb.jpg',
 'image2_thumb.jpg',
 'image3_thumb.jpg',
 'image4_thumb.jpg',
 'image5_thumb.jpg']
```

当然 XPath 也可以, 命令如下所示。

```
response.xpath('//a[contains(@href, "image")]/img/@src').extract()
```

补充: img::attr(src)中的 attr (src) 表示属性选择为 src。获取属性使用::attr; 获取文本则使用的是::text。下面总结一下 CSS 的用法，如下所示。

1）response.css（'a'）：返回的是 selector 对象。

2）response.css（'a'）.extract（)：返回的是 a 标签对象。

3）response.css（'a:: text'）.extract（)：返回所有 a 标签中的文本。

4）response.css（'a:: attr（href）'）.extract_first( )：返回的是第一个 a 标签中 href 属性的值。

5）response.css（'a［href * =image］img:: attr（src）'）.extract（)：返回所有 a 标签下 image 标签的 src 属性。

▶▶ 7.8.5 嵌套选择器

选择器方法（.xpath( ) or .css( )）返回相同类型的选择器列表，因此可以对这两个选择器结合起来使用。举个例子：获取 img 标签中的 src 属性，如下所示。

```
response.xpath('//a').css('img::attr(src)').extract()
```

按回车键后的结果如图 7-49 所示。

```
In [36]: response.xpath('//a').css('img::attr(src)').extract()
Out[36]:
['image1_thumb.jpg',
 'image2_thumb.jpg',
 'image3_thumb.jpg',
 'image4_thumb.jpg',
 'image5_thumb.jpg']
```

● 图 7-49 获取结果（一）

再举一个例子，获取 a 标签的 href 和 img 的 src，首先用 CSS 选择 a 标签，如下所示。

```
link=response.css('a')
```

查看内容，如下所示。

```
link.extract()
```

返回结果如图 7-50 所示。

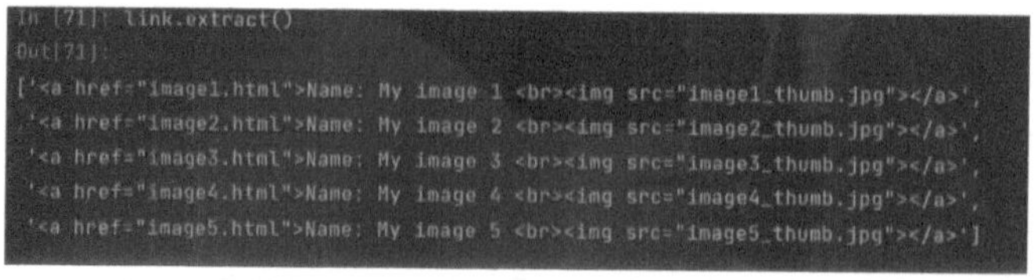

```
In [71]: link.extract()
Out[71]:
['<a href="image1.html">Name: My image 1 <br><img src="image1_thumb.jpg"></a>',
 '<a href="image2.html">Name: My image 2 <br><img src="image2_thumb.jpg"></a>',
 '<a href="image3.html">Name: My image 3 <br><img src="image3_thumb.jpg"></a>',
 '<a href="image4.html">Name: My image 4 <br><img src="image4_thumb.jpg"></a>',
 '<a href="image5.html">Name: My image 5 <br><img src="image5_thumb.jpg"></a>']
```

● 图 7-50 获取结果（二）

可以遍历输出，如下所示。

```
In [72]: for index, link in enumerate(link):
    ...:     args = (index, link.xpath('@href').extract(), link.xpath('img/@src').extract
())
    ...:     a=('序号为:%d,链接为:%s,图片为:%s')%args
    ...:     print(a)
```

按回车键后输出的结果如图 7-51 所示。

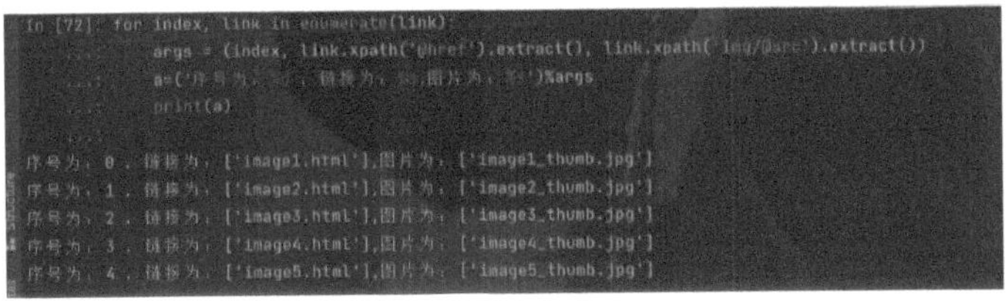

● 图 7-51 遍历输出

▶▶ 7.8.6 正则选择器

Selector 也有一个 .re() 方法,用来通过正则表达式提取数据。然而不同于使用 .xpath() 或者 .css() 方法,.re() 方法返回 unicode 字符串的列表,所以无法构造嵌套式的 .re() 调用。比如提取 a 标签中的图像名字,如下所示。

```
response.xpath('//a/text()').re(r'Name:\s*(.*)')
```

执行结果如下所示。

```
['My image 1', 'My image 2', 'My image 3', 'My image 4', 'My image 5']
```

另外还有一个融合了 .extract_first() 与 .re() 的函数 .re_first(),使用该函数可以提取第一个匹配到的字符串,比如以下示例。

```
response.xpath('//a/text()').re_first('Name:\s*(.*)')
按回车键输出为:'My image 1'
```

回顾一下正则的知识点:\s 是匹配所有空白符,包括换行;(.*) 为贪婪模式。以上就是学习选择器的所有用法,具体的使用可以根据自己的习惯进行选择,XPath 选择器和 CSS 选择器都是很重要的知识点。

▶▶ 7.8.7 使用相对 XPaths

这里再补充一下相对 XPaths 的用法,如果使用嵌套的选择器,并使用起始为/ 的 XPath,那么该 XPath 将对文档使用绝对路径,而且对于调用的 Selector 不是相对路径。举个例子,想提取在 <ul> 元素中的所有 <li> 元素,首先得到所有的 <ul> 元素,如下所示。

```
ul=response.xpath('//ul')
```

初次使用的时候可能会尝试使用下面错误的方法，因为它其实是从整篇文档中（而不仅仅是从 <ul> 标签内部）提取所有的标签。

```
for p in divs.xpath('//li'):  # 会报错
...     print p.extract()
```

正确的方法应该是在前面再加一个点前缀，如下所示。

```
for p in divs.xpath('.//li'):  # 正确
...     print p.extract()
```

另一种常见的情况是提取所有直系 <li> 标签，如下所示。

```
for p in divs.xpath('li'):  # 正确
...     print p.extract()
```

在上一章的实战中，使用 XPath 就是这个原理，提取其中的多个图片，首先是获取到 li 标签，然后去匹配 li 标签中的内容。

7.9　CrawlSpider 的使用

CrawlSpider 比起前面学习的 Spider 更加强大、性能更高，它能够根据设定的规则提取链接，并发送给引擎。CrawlSpider 的命令格式如下。

```
scrapy genspider -t crawl 爬虫名字 域名
```

使用基本步骤如下。

1）创建项目。

2）确定目标（创建爬虫）。

3）数据提取。

4）数据保存。

▶▶ 7.9.1　爬取规则

创建一个项目，先使用 cd 命令到文件夹下，再创建一个项目（叫作 ai），如下所示。

```
cd Scrapy
scrapy startproject book
```

确定目标为某网，这里用 CrawlSpider 创建爬虫，使用 cd 命令到创建的文件夹下，执行创建命令，如下所示。

```
cd book
scrapy genspider -t crawl  chong
https://www.ichong123.com/news/xiaogushi/index.html
```

生成的 chongwu.py 如下所示。

```
import scrapy
from scrapy.linkextractors import LinkExtractor
from scrapy.spiders import CrawlSpider, Rule
class ChongSpider(CrawlSpider):
    name = 'chong'
    allowed_domains = ['www.ichong123.com']
    start_urls = ['http://www.ichong123.com/']
    rules = (
        Rule(LinkExtractor(allow=r'Items/'), callback='parse_item', follow=True),
    )
    def parse_item(self, response):
        item = {}
        #item['domain_id'] =
 response.xpath('//input[@id="sid"]/@value').get()
        #item['name'] = response.xpath('//div[@id="name"]').get()
        #item['description'] = response.xpath('//div[@id="description"]').get()
        return item
```

仔细对比前面学习的 spider 后，发现这里增加了 rules，它是爬取规则，Ru 类用于生成链接提取对象，讲一下里面参数的含义，如下所示。

1）link_extractor：叫作连接提取规则，定义如何从每个爬取网页提取链接，如果省略，则提取所有链接。

2）allow：在这里写正则表达式，匹配链接。匹配到的响应交给 callback 中的函数处理。

3）callback：满足这个规则的 URL，应该要执行哪个回调函数，这里默认给 parse_item( ) 函数。详情页面才需要 callback。

4）follow：指定根据该规则从 response 中提取的链接，是否继续提取链接。也就是说 parse_item 处理后的响应是否继续用规则提取，如果 callback 没有，则 follow 默认为 True，否则默认为 False。列表页面才需要 follow。

什么叫作列表页面？什么叫作详情页面？这里做一下解释。比如要提取的内容在一个主页的 li 标签里面，一个主页有多个 li 标签，这个页面叫作列表页面，li 标签可以跳转到具体内容，跳转的链接叫作详情页面。列表页面如图 7-52 所示。

● 图 7-52　列表页面

详情页面如图 7-53 所示。

● 图 7-53　详情页面

LinkExtractor 链接提取规则有如下一些可选参数，如下所示。

1）allow = ( )：正则表达式，提取符合正则的链接。

2）deny = ( )：正则表达式，不提取符合正则的链接。

3）allow_domains = ( )：允许的域名。

4）deny_domains = ( )：不允许的域名。

5）restrict_xpaths = ( )：XPath 提取符合 XPath 规则的链接。

6）restrict_css = ( )：CSS 提取符合选择器规则的链接。

▶▶ 7.9.2　setting 配置修改

创建好爬虫目标后，修改 seeting 配置，如下所示。

1）找到 USERAGENT = ' first（+http：//www. yourdomain. com）'修改为你的请求头，比如 USERAGENT =‘Mozilla/5.0（Linux；Android 6.0；Nexus 5 Build/MRA58N）AppleWebKit/537.36（KHTML, like Gecko）Chrome/99.0.4844.74 Mobile Safari/537.36’。

2）找到 ROBOTSTXTOBEY = True 修改为 ROBOTSTXTOBEY = False（如果并不想要遵守 robot 协议）。

3）找到 DOWNLOADDELAY = 3 取消注释，表示设置为下载速度延时 3s。

4）找到 ITEMPIPELINES = {

```
'dianying.pipelines.DianyingPipeline': 300,
} 取消注释
```

▶▶ 7.9.3　应用案例一：某宠物网站爬取

尝试爬取详情页面的标题，如图 7-54 所示。

可以直接从列表页面获取，具体情况可以再模仿此案例。目标只有标题，可以直接在 items.py 中修改类，如下所示。

```
class BookItem(scrapy.Item):
    title=scrapy.Field()
```

● 图 7-54　标题定位

查看列表页的规律如下。

1）第一页：https://www.ichong123.com/news/xiaogushi/index_1.html

2）第二页：https://www.ichong123.com/news/xiaogushi/index_2.html

标题规律如下。

- http：//www.ichong123.com/news/123902.html

- http：//www.ichong123.com/news/123901.html

用 XPath 不难写出：//div［@class=' article-content'］/h1/text( )，检查一下 XPath 是否匹配，如图 7-55 所示。

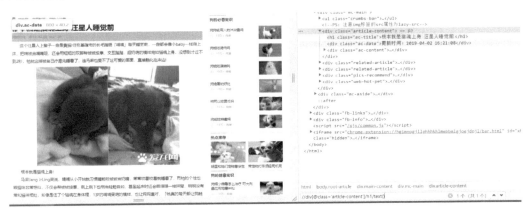

● 图 7-55　检测匹配成功

chong.py 中的 class 编写如下所示。

```python
class ChongSpider(CrawlSpider):
    name = 'chong'
    allowed_domains = ['www.ichong123.com']
    start_urls = ['http://www.ichong123.com/']
    # 列表页面需要 follow,不需要 callback;详情页面不需要 follow,需要 callback
    rules = (
        Rule(LinkExtractor(allow=r'/xiaogushi/index_\d+.html'), follow=True),
```

```
        Rule(LinkExtractor(allow=r'http://www.ichong123.com/news/\d+.html'), callback=
'parse_item'),
    )
    def parse_item(self, response):
        item = {}
        title = response.xpath("//div[@class='article-
content']/h1/text()").extract_first()
        item['title'] = title
        return item
```

运行输出后可以看到它是对每一个页面都在依次请求，如下所示。

```
{'title': ['2019 第十届西部 CPF 国际宠博会重庆展']}
DEBUG:scrapy.core.engine:Crawled (200) <GET
http://www.ichong123.com/news/46057.html> (referer:
http://www.ichong123.com/)
DEBUG:scrapy.core.scraper:Scraped from <200
http://www.ichong123.com/news/46057.html>
{'title': ['萨摩耶犬瘟热的症状早期主要表现为感冒']}
DEBUG:scrapy.core.engine:Crawled (200) <GET
http://www.ichong123.com/news/46213.html> (referer:
http://www.ichong123.com/)
DEBUG:scrapy.core.scraper:Scraped from <200
http://www.ichong123.com/news/46213.html>
{'title': ['萨摩耶犬常见病萨摩耶犬容易患的三种疾病']}
DEBUG:scrapy.core.engine:Crawled (200) <GET
http://www.ichong123.com/news/46228.html> (referer:
http://www.ichong123.com/)
DEBUG:scrapy.core.scraper:Scraped from <200
http://www.ichong123.com/news/46228.html>
{'title': ['萨摩耶犬咳嗽主要是由于气温差变化较大引起']}
DEBUG:scrapy.core.engine:Crawled (200) <GET
http://www.ichong123.com/news/46231.html>
(referer: http://www.ichong123.com/)
DEBUG:scrapy.core.scraper:Scraped from <200
http://www.ichong123.com/news/46231.html>
{'title': ['萨摩耶犬犬瘟热最初体温升高达 40℃左右']}
```

这里利用正则，把一个页面的链接复制过来，然后用正则语法替换掉那些变化的即可，比前面学习正则的内容简单很多，保存数据需要修改管道文件 pipelines.py，如下所示。

```
class BookPipeline:
    def __init__(self):
        self.f = open('dongwu.json', 'w', encoding='utf-8')
    def open_spider(self, item):
        print('开始爬取....')
    def process_item(self, item, spider):
        print(item)
```

```
        print(spider.name)
        # 将从 spider 文件传过来的数据使用 dict()进行数据类型的转换,并转换成字典
        self.f.write(json.dumps(dict(item), ensure_ascii=False) + '\n')
        # ensure_ascii=False 防止中文乱码
    def close_spider(self, item):
        print('爬取结束...')
```

运行 start.py,保存后的结果,如图 7-56 所示。

● 图 7-56　保存结果

重点难点:理解 follow,列表页面需要 follow,不需要 callback;详情页面不需要 follow,需要 callback。

▶▶ 7.9.4　应用案例二:某读书网站爬取

基于上一个小节的文件,继续在 book 这个项目文件夹下创建新的爬虫,一个框架是可以有多个爬虫的,本小节以某读书网站为例。创建一个新的爬虫,如下所示。

```
cd book
scrapy genspider -t crawl shu www.dushu.com
```

笔者以爬取世界名著为例,目标网址为 https://www.dushu.com/book/1175.html。所以设置目标网址如下。

```
start_urls = ['https://www.dushu.com/book/1175.html']
```

确定具体目标,确定需要爬取的内容:书名+简介,如图 7-57 所示。

可以基于已经确定的目标修改 items.py,如下所示。

```
class BookItem(scrapy.Item):
    title = scrapy.Field()
    name = scrapy.Field
    info = scrapy.Field()
```

查看每一页的链接,寻找规律,如下所示。

● 图 7-57　确定目标

1）第一页：https://www.dushu.com/book/1175_1.html

2）第二页：https://www.dushu.com/book/1175_2.html

3）第三页：https://www.dushu.com/book/1175_3.html

根据页码变化规律编写规则，如下所示。

```
https://www.dushu.com/book/1175_\d+.html
```

继续看一下详情页面每一页的规律，如下所示。

1）https://www.dushu.com/book/13909757/

2）https://www.dushu.com/book/13909755/

根据以上详情页面编写规则，如下所示。

```
https://www.dushu.com/book/\d+/
```

完整的规则如下所示。

```
rules = (
    Rule(LinkExtractor(allow=r'https://www.dushu.com/book/1175_\d+.html'), follow=True),
        Rule(LinkExtractor(allow=r'https://www.dushu.com/book/\d+/'), callback='parse_item'),
    )
```

接下来写解析函数，解析详情页面。先来分析一下，如图 7-58 所示。

● 图 7-58　分析详情页面

书名部分网页代码为：<div class="book-title"><h1>月亮与六便士（精装版）</h1></div>，如图 7-59 所示。

● 图 7-59　书名

简介的部分代码如下。

<div class="text txtsummary">　　《月亮与六便士》的情节以法国后印象派画家高更的生平为基础。

...

本书备受世人关注。</div>。

编写 XPath 读取对应内容的代码如下所示。

```
def parse_item(self, response):
    item = {}
    name = response.xpath("//div[@class='book-title']/h1/text()")
    info = response.xpath("//div[@class='text txtsummary'][1]/text()")
    item['name'] = name
    item['info'] = info
    return item
```

管道 pipelines.py 可以不用修改，使用之前已经修改过的，直接保存为 json 即可。把 start.py 修改成执行 shu.py，如下所示。

```
from scrapy import cmdline
# cmdline.execute(['scrapy', 'crawl', 'chong'])
cmdline.execute(['scrapy', 'crawl', 'shu'])
```

运行 start.py，输出结果如图 7-60 所示。

● 图 7-60　运行结果

7.10　内置图片下载器

Scrapy 属于异步，前几章使用的下载方式是同步方式，异步下载会比同步下载快，能自动去重，下面来学习一下它。Item 中必须包含 image_urls、images。内置图片下载器的特点如下所示。

1）缩略图生成。

2）图片大小过滤。

3）将下载图片转换成通用的 JPG 和 RGB 格式。

4）避免重复下载。

5）异步下载，效率高。

这里以某图片网站作为案例，地址为 https://www.vcg.com/creative-image/fengjing/，打开后检查分析网页，如图 7-61 所示。

● 图 7-61　检查分析网页

滑到底部查看页数，如图 7-62 所示。

● 图 7-62　查看页数

现在已经有大概思路了，直接看一下每一页的规律，如下所示。

1）第一页：https://www.vcg.com/creative-image/fengjing/

2）第二页：https://www.vcg.com/creative-image/fengjing/？page=2

3）第三页：https://www.vcg.com/creative-image/fengjing/？page=3

第一页不符合规律，试着在后面添加？page=1 是否可以，修改后发现是可以的，所以第一页为 https://www.vcg.com/creative-image/fengjing/？page=1，这样每一页就是有规律的了，唯一变化的就是 page 参数。这样的场景，读者可能更喜欢用 CrawlSpider 来实现，这里就不展开讲解了。

▶▶ 7. 10. 1 基本搭建

为了复习巩固，单独创建一个项目文件，当然读者如果熟悉了，完全可以在一个项目文件夹下写多个爬虫。先使用 cd 命令切换到文件夹 Scrapy，创建项目为 feng，如下所示。

```
cd Scrapy
scrapy startproject feng
```

接着根据目标创建一个爬虫（叫作 photo），需要先使用 cd 命令切换到创建的项目路径下，再创建一个爬虫，如下所示。

```
cd feng
scrapy genspider photo https://www.vcg.com/creative-image/fengjing/
```

创建成功后如图 7-63 所示。

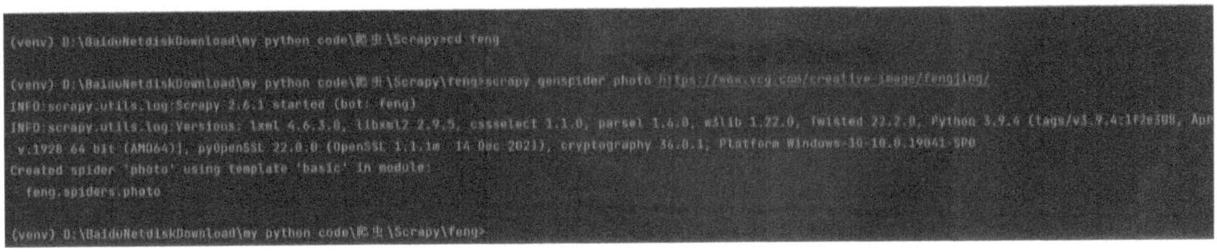

● 图 7-63　创建成功

接着修改配置，这里采用简写的方式，相信读者已经熟悉了这些操作。

1）修改请求头。

2）机器人协议是否需要遵守。

3）下载延时。

4）打开管道。

5）根据需求，是否需要 logging 日志。

修改起始页。

```
start_urls = ['https://www.vcg.com/creative-image/fengjing/? page=1']
```

创建一个 start.py，如下所示。

```
from scrapy import cmdline
cmdline.execute(['scrapy', 'crawl', 'photo'])
```

▶▶ 7. 10. 2 数据提取

单击鼠标右键，在弹出的快捷菜单栏中选择"检查"命令，分析网页图片，如图 7-64 所示。
每一张图片都在 figure 标签中，如图 7-65 所示，就是一个完整的图片标签。

• 图 7-64　检查网页

```
<div class="gallery_inner">
<figure class="galleryItem" style="width: 701px; height: 379.76px;"><a class="imgWaper"
href="https://www.vcg.com/creative/812597784" target="_blank" title="山中的日落" rel="opener"><img
class="lazyload_hk ll_loaded" data-
src="//alifei03.cfp.cn/creative/vcg/noxarter800/new/VCG41560336195.jpg" data-
min="//alifei02.cfp.cn/creative/vcg/400/new/VCG41560336195.jpg"
src="//alifei03.cfp.cn/creative/vcg/noxarter800/new/VCG41560336195.jpg?x-oss-
process=image/format,webp" alt="山中的日落图片素材" draggable="true"><span
class="inPageShowHidden">山中的日落</span><div class="mask"></div><div class="headbar"></div></a>
<div class="toolbar isDisplayBlock"><div class="toolitem hook-favorite-h"><span class="mintip">加
收藏夹</span><i class="icon iconfont">&#xe6c6;</i></div><div class="toolitem hook-similar-h"><span
class="mintip">查看相似图</span><i class="icon iconfont">&#xe6d1;</i></div><div class="itemCtrl">
<span style="display:none"><span class="checkbox_inline red"><span class="line_box"></span></span>
</span><span class="licenseTag ">RF</span></div></figure>
```

• 图 7-65　图片标签

这里需要爬取标题和链接，所以 items.py 编写如下所示。

```
import scrapy

class FengItem(scrapy.Item):
    title = scrapy.Field()
    href = scrapy.Field()
```

首先获取所有的 figure 标签，如下所示。

```
figure = response.xpath("//div[@class='gallery_inner']/figure")
```

接着获取标签里面的具体内容：标题、链接，如图 7-66 所示。

```
<img class="lazyload_hk ll_loaded" data-
src="//alifei03.cfp.cn/creative/vcg/noxarter800/new/VCG41560336195.jpg" data-
min="//alifei02.cfp.cn/creative/vcg/400/new/VCG41560336195.jpg"
src="//alifei03.cfp.cn/creative/vcg/noxarter800/new/VCG41560336195.jpg?x-oss-
process=image/format,webp" alt="山中的日落图片素材" draggable="true">
<span class="inPageShowHidden">山中的日落</span>
```

• 图 7-66　定位分析

很明显，data-src 属性才是需要的链接部分，span 标签则是标题，所以编写 XPath，如下所示。

```
figure = response.xpath("//div[@class='gallery_inner']/figure")
# print(figure)
for f in figure:
    href=f.xpath('./a/img/@data-src').extract_first()
    title=f.xpath('./a/span/text()').extract_first()
    print(href)
    print(title)
```

运行 start.py，输出结果如下所示。

```
//tenfei01.cfp.cn/creative/vcg/nowater800/new/VCG41157504161.jpg
贝尔弗德 - 托斯卡纳
//tenfei04.cfp.cn/creative/vcg/nowarter800/new/VCG41513777962.jpg
哈尔斯塔特在多云的早晨(垂直图像)
```

从输出结果可以看到图片链接并不全，可以先去访问一个链接，如下所示。

```
https://tenfei01.cfp.cn/creative/vcg/nowater800/new/VCG41157504161.jpg
```

说明缺少了前缀 https:，完整的 url 只需要字符串拼接即可，如下所示。

```
class PhotoSpider(scrapy.Spider):
    name ='photo'
    allowed_domains =['www.vcg.com']
    start_urls =['https://www.vcg.com/creative-image/fengjing/? page=1']
    def parse(self, response):
        figure = response.xpath("//div[@class='gallery_inner']/figure")
        # print(figure)
        for f in figure:
            item=FengItem()
            href=f.xpath('./a/img/@data-src').extract_first()
            title=f.xpath('./a/span/text()').extract_first()
            url='http:'+href
            item['title']=title
            item['href']=url
            yield item
```

运行 start.py，输出结果如图 7-67 所示。

● 图 7-67　输出结果

▶▶ 7.10.3　同步下载

第一个方案是我们前面学习过的内容，下面来复习一下，案例如下所示。

```python
# coding =gbk
import urllib
import urllib.request
import os
class FengPipeline:
    def open_spider(self, item):
        print('start....')
    def process_item(self, item, spider):
        href = item['href']
        title = item['title']
        suffix = os.path.splitext(href)[-1]
        urllib.request.urlretrieve(href, filename="./photo/%s%s" % (title, suffix))
        print('photo----% s----save finished'% title)
        return item
    def close_spider(self, item):
        print('finish..')
```

运行结果如图 7-68 所示。

● 图 7-68　运 行 结 果

注意：需要手动创建一个 photo 文件夹，如图 7-69 所示。

● 图 7-69　photo 文件夹

这里只讲到爬取单页，读者可以去尝试完成多页爬取，本章使用的这个方法并不是 Scrapy 内置的下载方法，urlretrieve 方法属于同步下载，接下来介绍内置的下载方法。

▶▶ 7.10.4 异步下载

这里需要按步骤进行一些配置，使用 images pipeline 下载文件，步骤为四步。

第一步，修改 Item，这是固定的形式，叫作 image_urls 和 images，如下所示。

```
class FengItem(scrapy.Item):
    image_urls = scrapy.Field()
    images = scrapy.Field()
```

第二步，setting 管道设置修改如下，表示不使用 pipline.py 管道，如下所示。

```
ITEM_PIPELINES = {
    #'feng.pipelines.FengPipeline': 300, #注释掉
    'scrapy.pipelines.images.ImagesPipeline':1
}
```

第三步，setting.py 最底部添加下面这部分代码，用于图片保存路径。

```
import os
# 图片下载路径
IMAGES_STORE = os.path.join(os.path.dirname(os.path.dirname(__file__)),'photo')
```

第四步，修改 photo.py，如下所示。

```
import scrapy
from ..items import FengItem
class PhotoSpider(scrapy.Spider):
    name = 'photo'
    allowed_domains = ['www.vcg.com']
    start_urls = ['https://www.vcg.com/creative-image/fengjing/? page=1']
    def parse(self, response):
    figure = response.xpath("//div[@class='gallery_inner']/figure")
    for f in figure:
        item=FengItem()
        href=f.xpath('./a/img/@data-src').extract_first()
        url='http:'+href
        item['image_urls']=[url]   #注意这里加方括号
        yield item
```

注意：该方式下载图片无法修改名字，因此不需要去获取标题。对于链接的提取，提取到完整的 url 后，需要加放在一个列表里面，所以要加方括号。

该方式下载特别快，成功下载后如图 7-70 所示。

项目结构如图 7-71 所示。

● 图 7-70　成功下载

● 图 7-71　项目结构

7.11 存储到数据库

这里使用 MySQL 数据库，以爬取某宠物网为例。在前面章节，笔者在 pipline.py 中将数据保存到 json 中，这里把它保存到本地 MySQL 数据库中（环境搭建需要读者在网上查询配置）。首先，将 cmd 连接 MySQL，创建一个数据库，名为 book，在里面创建一个数据表：dushu，步骤如下所示。

1）连接：MySQL-u root-p。

2）创建数据库：create database book。

3）使用 book 数据库。

4）创建数据表：create table dushu（title varchar（255），info varchar（1000））。

5）由于保存的数据是中文，需要修改编码为 utf8mb4：alter table dushu convert to character set utf8mb4。

存储到数据库有两种方法：同步存储、异步存储。同步存储在数据量少时采用；异步存储在数据量多时采用，具体看爬去的数据有多少。

▶▶ 7.11.1 同步存储

首先初始化函数，连接成数据库。需要注意的是，一定要提前设置好连接的数据库，编码方式为 utf8mb4，否则中文存储会报错。

现在修改 pipline.py，代码如下所示。

```
# coding=utf-8
import pymysql
class BookPipeline:
    def __init__(self):
        # connection database
        self.connect = pymysql.connect(host='localhost', user='root',
passwd='123456',
            db='book', charset='utf8mb4')   # 后面三个依次是数据库连接名、数据库密码、数据库名称
        self.cursor = self.connect.cursor()
        print('连接成功...')
    def open_spider(self, item):
        print('开始爬取....')
    def process_item(self, item, spider):
        sql = 'insert into dushu(title,info) values(% s,% s)'
        self.cursor.execute(sql, (item['name'], item['info']))
        # 提交到数据库
        self.connect.commit()
    def close_spider(self, spider):
        # 关闭游标和连接
        self.cursor.close()
        self.connect.close()
    def close_spider(self, item):
        print('爬取结束...')
```

保存后检查一下数据表中的内容，命令为：select * from dushu；

▶▶ 7.11.2 异步存储

在 setting.py 中最底部添加如下所示的内容。

```
MYSQL_HOST = "localhost"# 主机名
MYSQL_DB = "book"# 使用数据库
MYSQL_USER = "root"# 默认 root
MYSQL_PASSWORD = "123456"# 密码
```

清空刚刚保存在表中的内容，命令如下。

```
delete dushu from dushu;
```

接着编写 pipline.py 管道文件，在实际使用过程中，只需要修改 sql 语句部分，其他部分可以当作

模板套入，如下所示。

```python
import pymysql
from twisted.enterprise import adbapi
# 异步更新操作
class BookPipeline(object):
    def __init__(self, db):
        self.db = d
    # 固定格式
    @classmethod
    def from_settings(cls, settings):
        adb = dict(
            host=settings['MYSQL_HOST'],
            db=settings['MYSQL_DB'],
            user=settings['MYSQL_USER'],
            password=settings['MYSQL_PASSWORD'],
            cursorclass=pymysql.cursors.DictCursor  # 指定 cursor 类型
        )
        # 连接数据池 ConnectionPool,使用 pymysql 连接
        db = adbapi.ConnectionPool('pymysql', **adb)
        # 返回实例化参数
        return cls(db)
    def process_item(self, item, spider):
        self.db.runInteraction(self.charu, item)  # 指定操作方法和操作数据
    def charu(self, cursor, item):
        # 对数据库进行插入操作,并不需要 commit,twisted 会自动 commit
        insert_sql = """
        insert into dushu(title, info) values (%s,%s)
        """
        cursor.execute(insert_sql, (item['name'], item['info']))
```

如果不想运行完，可以强制停止，查看一下保存是否成功，命令为：select * from dushu；

本章所有代码资源可以通过 Github 开源仓库下载，地址为 https://github.com/sfvsfv/Crawer。

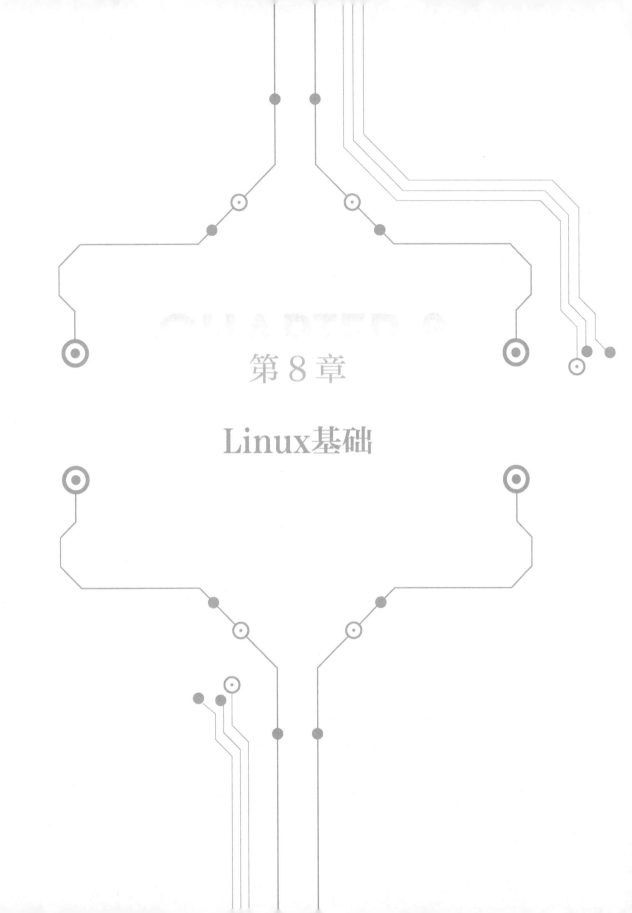

第 8 章

Linux基础

8.1 为什么学习 Linux？

Linux 主要用于服务器，它没有 Windows 一样的 UI 界面，所有执行的操作都是通过命令来实现的，下面列举学习 Linux 的几个理由。

1）高安全性：与 Windows 相比，它更不容易受到病毒的攻击。

2）高稳定性：Linux 系统非常稳定，不容易崩溃，Linux 操作系统的运行速度与首次安装时几乎一样快，即使在几年后也是如此。大多数用户一定经历过新安装的 Windows 系统运行得非常快，而相同的系统在一段时间后变得缓慢的情况。大多数时候唯一的选择是重新安装操作系统和其他软件，甚至重新换一台计算机。

3）易于维护：维护 Linux 操作系统很容易，因为用户可以非常轻松地集中更新操作系统和软件。

4）免费：Linux 是完全免费的，用户无须支付任何费用。如果想使用一台 Linux 服务器，可能需要去腾讯云、阿里云购买，对于学生是有折扣的。

5）网页、游戏等部署：用户制作的网页、游戏等可以部署到一台 Linux 服务器上，以便于其他用户也可以访问，同时包括所学的数据库，都是使用云数据库。

只需要多多练习就能掌握 Linux 的命令操作，熟能生巧。

8.2 安装虚拟机

虚拟机（Virtual Machine）是指通过软件模拟的具有完整硬件系统功能的、运行在一个完全隔离的环境中的完整计算机系统。

本节分别学习本地安装虚拟机（建议）和在线版的虚拟机（不建议）。

▶▶ 8.2.1 本地安装虚拟机（推荐）

首先自行搜索下载 vmware workstation.exe 软件的最新版，下载后双击，默认各个步骤并安装完成后，在安装过程中，最好选择到 D 盘安装。安装成功后，桌面有如图 8-1 所示的图标。

● 图 8-1　VMware Workstation 图标

ubuntu 镜像到清华镜像源下载，网址如下。

    https://mirrors.tuna.tsinghua.edu.cn/ubuntu-releases/

笔者选择当时的最新版 2022，如图 8-2 所示。

安装桌面版，如图 8-3 所示。

下载后，双击打开虚拟机，单击创建新的虚拟机，如图 8-4 所示。

单击"下一步"按钮，如图 8-5 所示。

• 图 8-2　选择版本

• 图 8-3　安装桌面版

• 图 8-4　创建虚拟机

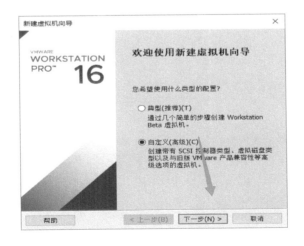

• 图 8-5　单击"下一步"按钮

单击"下一步"按钮，选择下载好的 iso 文件，如图 8-6 所示。

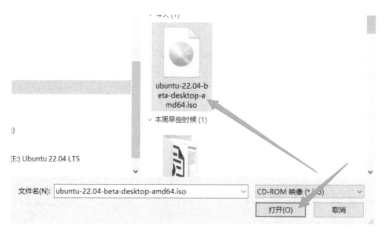

• 图 8-6　选择下载好的 iso 文件

继续单击"下一步"按钮，如图 8-7 所示。

设置用户名、密码等信息，名字最好用英文，密码可以简单一点，避免忘记，如图 8-8 所示。

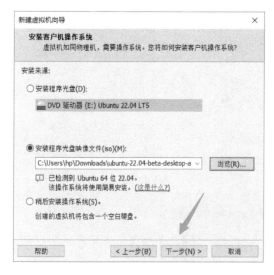

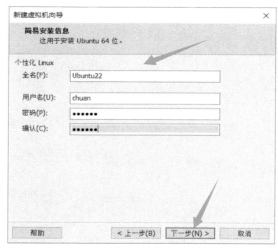

• 图 8-7　单击"下一步"按钮　　　　• 图 8-8　设置账号和密码

"位置"选择 D 盘，默认相关参数，选择"下一步"按钮，如图 8-9 所示。

默认后单击"下一步"按钮即可，如图 8-10 所示。

单击"下一步"按钮，如图 8-11 所示。

● 图 8-9　"位置" 选择 D 盘

 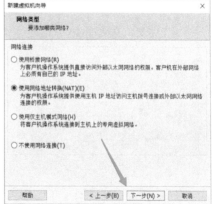

● 图 8-10　单击 "下一步" 按钮

 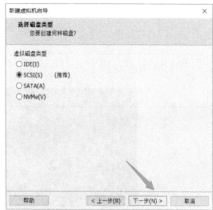

● 图 8-11　选择 "LST Logic（L）"

单击"下一步"按钮，如图 8-12 所示。

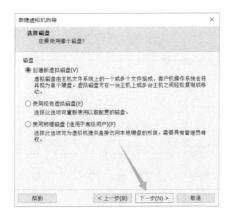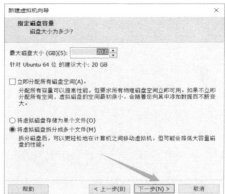

● 图 8-12　选择"创建新虚拟磁盘"

单击"下一步"按钮，如图 8-13 所示。

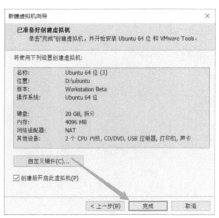

● 图 8-13　选择"下一步"按钮

等待页面如图 8-14 所示。

● 图 8-14　等待页面

选择 Chinese，单击"Continue"按钮，如图 8-15 所示。

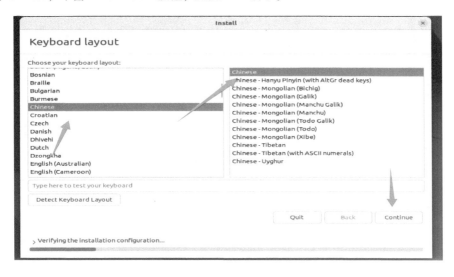

● 图 8-15　选择语言

建议初学者选择普通安装，虽然安装会比较久，但是可以避免后续的配置，单击"Continue"按钮，如图 8-16 所示。

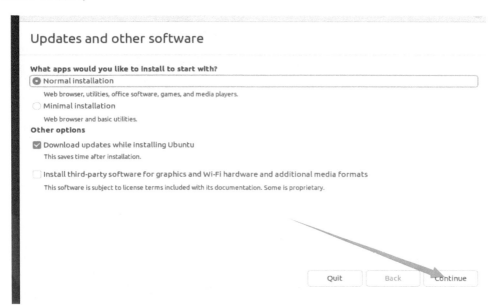

● 图 8-16　选择普通安装

等待加载完成后，单击"Install Now"按钮，如图 8-17 所示。

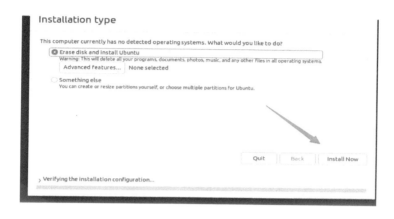

● 图 8-17　单击"Install Now"按钮

跳出提示，单击"Continue"按钮，如图 8-18 所示。

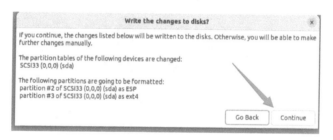

● 图 8-18　单击"Continue"按钮

默认地区：shanghai，单击"Continue"按钮。填写一个用户名和密码，用户名可以随机，必须是英文，密码设置为 123456，继续单击"Continue"按钮，如图 8-19 所示。

● 图 8-19　设置用户名和密码

等待一段时间，如图 8-20 所示，安装成功。

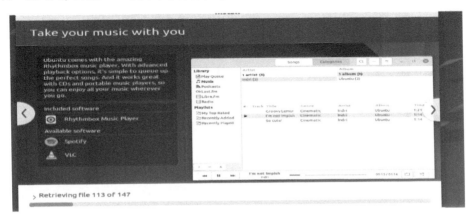

● 图 8-20　安装成功

安装成功后单击"Restart Now"按钮，如图 8-21 所示。

● 图 8-21　重启

重启成功，单击自己设置的用户名，输入设置的密码 123456，按回车键，如图 8-22 所示。

● 图 8-22　登录界面

登录后单击 "Skip" 按钮, 如图 8-23 所示。

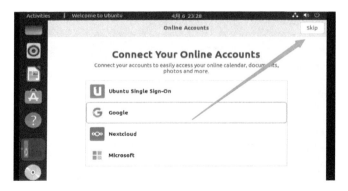

● 图 8-23 单击 "Skip" 按钮

接下来选择 "No, don't send system info", 单击 "Next" 按钮, 如图 8-24 所示。

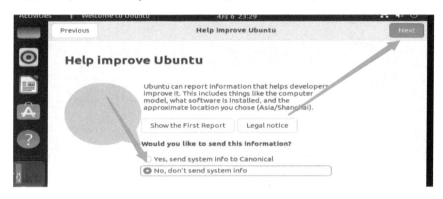

● 图 8-24 选择 "No, don't send system info"

单击 "Next" 按钮, 如图 8-25 所示。

● 图 8-25 单击 "Next" 按钮

单击"Done"按钮，如图 8-26 所示。

● 图 8-26　单击"Done"按钮

　　界面有点小，可以依次单击虚拟机窗口上的"查看"菜单，然后选择"拉伸客户机"命令。在下拉菜单中选择"保持纵横比拉伸"命令，以保持显示内容的纵横比例不变，如图 8-27 所示。

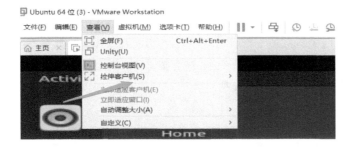

● 图 8-27　选择"拉伸客户机"

使用鼠标右键单击屏幕后，选择"Open In Terminal"命令即可打开终端，如图 8-28 所示。

● 图 8-28　选择"Open In Terminal"

后续的命令操作可以在 Terminal 上编写，如图 8-29 所示。

关于虚拟机还有很多其他的用途，读者可以自行探索，本章仅仅用它来学习 Linux 命令。测试一下它自带的 Python 版本：Python3 -version，如图 8-30 所示。

• 图 8-29　终端界面

• 图 8-30　查看 Python 版本

安全补充：如果有很重要的项目或者内容在写，可以拍摄快照。如果系统突然崩溃，无法恢复，可以通过快照恢复到拍摄时的状态。一般来说，快照拍了第一次，再去拍第二次，可以将第一次的快照删除，达到节约空间的目的，如图 8-31 所示。

• 图 8-31　保存快照

▶▶ 8.2.2　免费在线 Linux 服务器

使用在线版不会浪费多少内存，当然仅仅是使用在线版的服务器学习。如果要部署某个内容，需要购买服务器。前面的章节介绍过关于谷歌插件的安装与使用，这里可以安装一个插件，叫作 "Ubuntu 的免费在线 Linux 服务器"。在线版还是有很多弊端的，仅仅适合一些简单的学习，所以不建议使用，插件安装如图 8-32 所示。

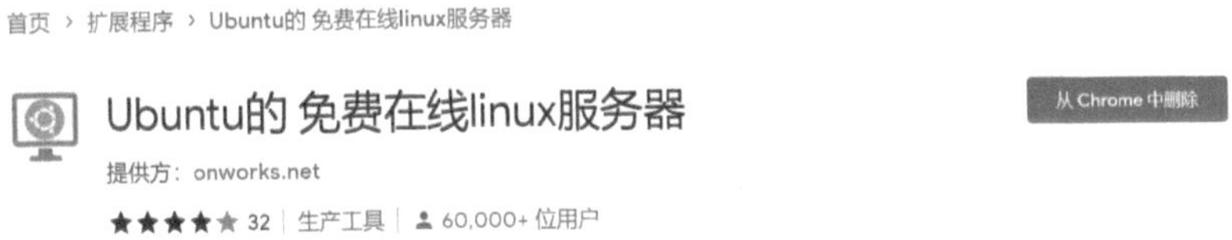

首页 › 扩展程序 › Ubuntu的 免费在线linux服务器

 Ubuntu的 免费在线linux服务器

从 Chrome 中删除

提供方：onworks.net

★★★★★ 32 │ 生产工具 │ 👤 60,000+ 位用户

• 图 8-32　插件安装

安装成功后，单击打开，如图 8-33 所示。

比如选择第一个版本，如图 8-34 所示。

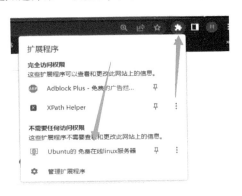

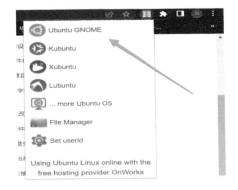

• 图 8-33　单击打开

• 图 8-34　选择版本

因为是国外软件，所以是英文，单击 "Start" 按钮即可，如图 8-35 所示。

• 图 8-35　单击 "Start" 按钮

启动成功后单击 "Enter" 按钮进入，如图 8-36 所示。

• 图 8-36　单击 "Enter" 按钮

进入后会提示默认密码为：123456，如图 8-37 所示。

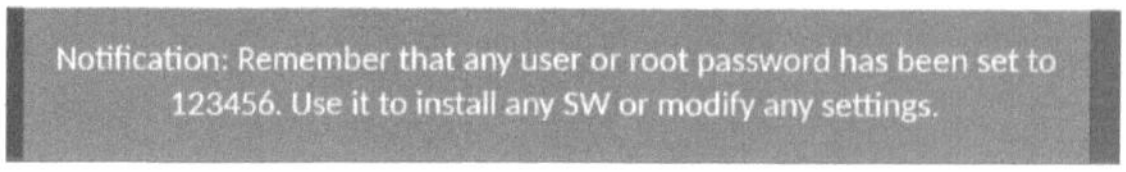

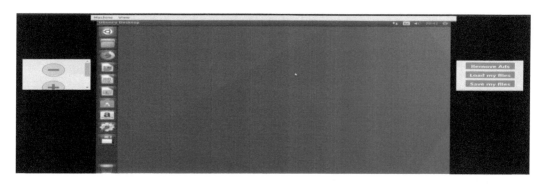

Notification: Remember that any user or root password has been set to 123456. Use it to install any SW or modify any settings.

● 图 8-37　查看默认密码

进入成功后如图 8-38 所示。

● 图 8-38　在线版界面

这与本地安装的虚拟机几乎是一样的界面，使用鼠标右键单击 open terminal，如图 8-39 所示，可以在这里写 Linux 命令。

● 图 8-39　在线版终端

8.3　文件管理

文件管理是必备技能之一，这里要学习的命令如下所示。

1）ls 命令。

2）mkdir 命令。

3）cd 命令。

4）mv 命令。

▶▶ 8.3.1 查看目录

当第一次打开终端时，得到的界面类似于图 8-40 所示。

● 图 8-40 第一次打开终端

如果想要查看该目录下有哪些文件夹、文件等，可以使用 ls 命令展开，会列出当前目录的内容，如图 8-41 所示。

● 图 8-41 查看目录

事实上，ls 命令不会列出主目录中的所有文件，而是只有那些名称不以点（.）开头的文件，这样的文件被称为隐藏文件，它通常包含重要的程序配置信息。要列出主目录中的所有文件，包括名称以点开头的文件，需要输入命令：ls -a，如图 8-42 所示。

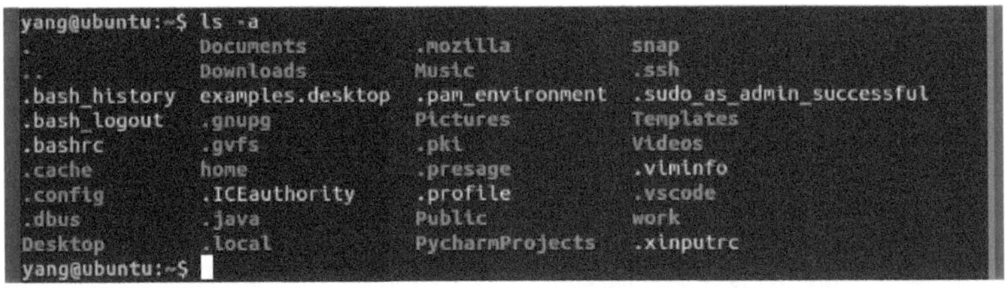

● 图 8-42 列出主目录中的所有文件

还有一些其他的参数，比如列出文件的详细信息：ls -l，如图 8-43 所示。

关于 ls 比较常用的参数，以及对应的含义，如表 8-1 所示。

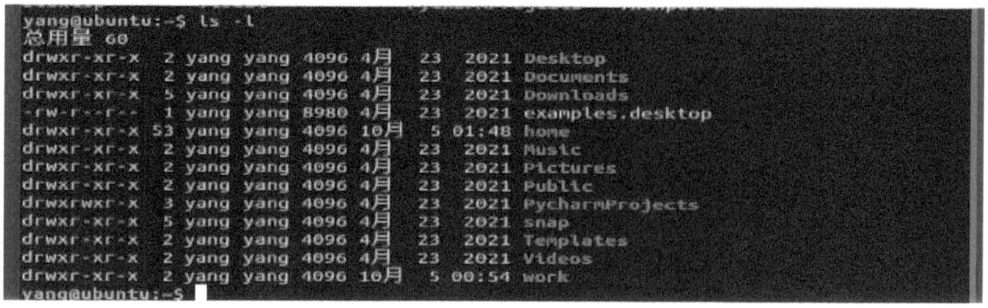

● 图 8-43　列出文件的详细信息

表 8-1　关于 ls 比较常用的参数

参　　数	含　　义
ls	列出文件和目录
ls -a	列出所有文件和目录，包括隐藏文件
ls -l	列出文件及目录信息
ls --t	根据最后的修改时间排序

▶▶ 8.3.2　创建文件夹

mkdir 命令的作用是创建一个文件夹。例如在当前目录创建一个叫作 test 的目录名称，命令为：mkdir test。例如查看刚刚创建的目录，再输入命令 ls，如图 8-44 所示。

● 图 8-44　创建文件夹并查看

▶▶ 8.3.3　切换目录

cd 命令用于切换目录，该命令在 Windows 和 Linux 中都是可以使用的。例如切换到刚创建的 test 文件夹命令为：cd test。进入该目录后，可以通过 pwd 命令查看当前目录所在的路径，如图 8-45 所示。

```
yang@ubuntu:~$ cd test
yang@ubuntu:~/test$ pwd
/home/yang/test
yang@ubuntu:~/test$
```

● 图 8-45　进入目录并查看路径

一个点表示当前目录，双点表示当前目录的上一个目录，也就是父目录。例如从 test 文件夹切换至当前目录位置的上一级目录命令为：cd ..，如图 8-46 所示。

● 图 8-46　切换到上一级目录

关于 cd 的一些常见命令如表 8-2 所示。

表 8-2　关于 cd 的一些常见命令

命　　令	含　　义
cd~	进入用户主目录
cd -	返回进入此目录之前所在的目录
cd ..	返回上级目录
cd ../..	返回上两级目录
cd 文件夹	切换到该文件夹下

▶▶ 8.3.4　创建文件

创建一个文件夹，如果想要创建单个文件，则需要使用 touch。例如到 test 文件夹下创建一个 a.txt 文件，并查看是否创建成功，命令依次如下所示。

```
cd test
touch a.txt
ls
```

创建文件并查看，如图 8-47 所示。

● 图 8-47　创建文件并查看

▶▶ 8.3.5　删除文件和文件夹

rm 用于删除一个文件，rmdir 用于删除文件夹目录。rm 的常见参数以及含义如表 8-3 所示。

表 8-3　rm 的常见参数以及含义

参　　数	含　　义
rm a.txt	删除 a.txt 文件
rm -i	删除文件前会询问用户是否执行
rm -rf	强制删除文件，删除时不提示

例如删除 a.txt 文件命令为：rm a.txt。再例如创建一个文件 b.txt，再删除它，要求询问客户是否确认删除。

```
touch b.txt
rm -i b.txt
```

如图 8-48 所示，询问是否删除，回答 yes/no 即可。

● 图 8-48　删除命令

例如再创建一个 a.txt，并强制删除它：

```
touch a.txt
rm -rf a.txt
```

代码运行如图 8-49 所示。

● 图 8-49　创建并删除（一）

例如 a.txt 和 b.txt 创建后查看一下是否创建成功，使用命令一次性删除完，再依次查看是否删除干净，如下所示。

```
touch a.txt b.txt
ls
rm -rf *
ls
```

代码运行如图 8-50 所示。

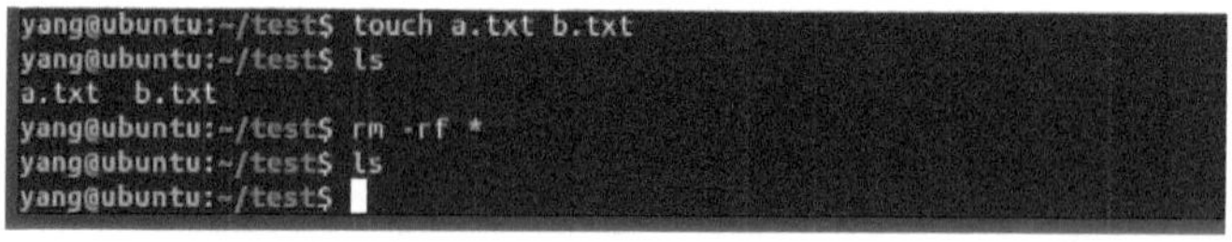

● 图 8-50　创建并删除（二）

▶▶ 8.3.6　复制文件

使用 cp 命令复制文件，它的基本形式为：cp file1 file2，它表示在当前工作目录中将 file1 复制一份，并将文件命名为 file2 文件。这里再创建一个文件夹 test2，首先要回到 test 文件的上一级，再使用 mkdir 创建文件夹，然后使用 ls 查看，命令如下所示。

```
cd ..
mkdir test2
ls
```

创建文件夹，如图 8-51 所示。

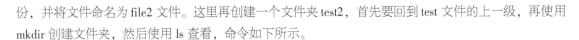

● 图 8-51　创建文件夹

例如复制 test2 文件夹并粘贴为 test3，如下所示。

```
cp -r test2 test3
ls
```

复制并粘贴文件，如图 8-52 所示。

● 图 8-52　复制并粘贴文件

▶▶ 8.3.7　移动文件

使用 mv 命令来移动一个文件到另一个文件。基本形式为：mv file1 file2，该命令的一些常见参数如表 8-4 所示。

表 8-4　常见参数

参　　数	含　　义
mv -i	若存在同名文件，则向用户询问是否覆盖
mv -f	覆盖已有文件时，不进行任何提示
mv -b	当文件存在时，覆盖前为其创建一个备份

例如将 test 下面的 c.txt 移动到 test2 文件夹，命令如下所示。

```
pwd
ls
```

```
mv/home/yang/test/c.txt/home/yang/test2
cd/home/yang/test2
ls
```

解释说明：执行 pwd 是为了获取当前目录，ls 是查看当前目录下是否有所需文件，然后使用 mv 命令移动文件到目标文件夹，接着再使用 cd 命令切换到 test2 文件夹，再使用 ls 命令查看是否移动成功，如图 8-53 所示。

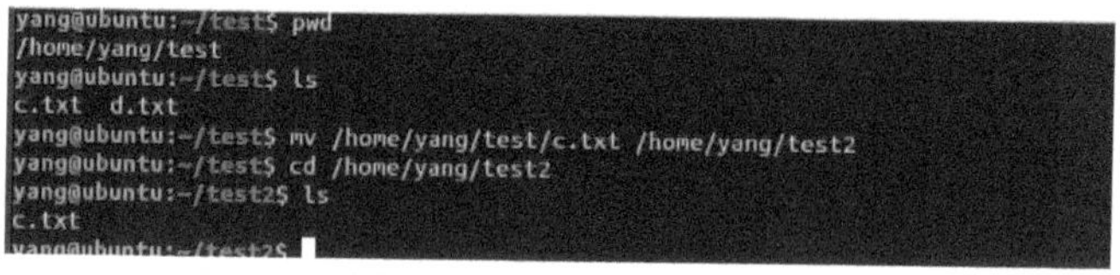

```
yang@ubuntu:~/test$ pwd
/home/yang/test
yang@ubuntu:~/test$ ls
c.txt  d.txt
yang@ubuntu:~/test$ mv /home/yang/test/c.txt /home/yang/test2
yang@ubuntu:~/test$ cd /home/yang/test2
yang@ubuntu:~/test2$ ls
c.txt
yang@ubuntu:~/test2$
```

● 图 8-53　移动文件

mv 还可以起到重命名作用，比如继续将 test2 文件夹中的 c.txt 重命名为 b.txt，命令如下所示。

```
mv c.txt b.txt
ls
```

运行结果如图 8-54 所示。

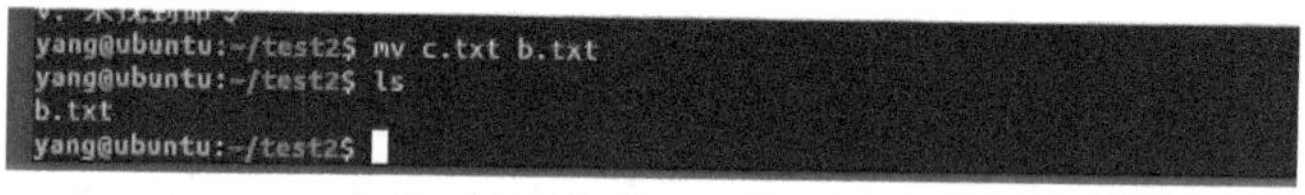

```
yang@ubuntu:~/test2$ mv c.txt b.txt
yang@ubuntu:~/test2$ ls
b.txt
yang@ubuntu:~/test2$
```

● 图 8-54　重命名

▶▶ 8.3.8　编写文件内容

使用 vim 来编辑一个文件的内容，它的使用格式为：vim 文件。如果使用的时候提示没有该命令，可以执行以下命令安装：sudo apt install vim。

例如给 test2 文件夹下的 b.txt 文件任意添加一段字符串，然后输入:wq，保存后退出，命令如下所示。

```
ls
vim b.txt
```

编辑文件，如图 8-55 所示。

● 图 8-55　编辑文件

首先使用 ls 查看文件夹下的文件是否存在，确认存在后使用 vim 打开文件：vim b.txt，接着按一下字母 i，就可以进入编辑状态，写入需要的内容，写完内容后按 ESC 键，最后再输入：wq，按回车键保存后退出。

关于 vim 保存文本有几种常见命令，如表 8-5 所示。

表 8-5 常见命令

命　　　令	含　　　义
:wq	保存并退出
:wq!	保存并强制退出
:q	不保存就退出
:q!	不保存，且强制退出

▶▶ 8.3.9 查看文件内容

如果想要查看文件内容，可以使用 cat 命令，它的基本使用形式为：cat 文件名。例如查看刚刚保存的 b.txt 文件内容：cat b.txt，如图 8-56 所示。

● 图 8-56　查看文件内容

如果内容很多，也可以添加 -n 参数。例如查看 b.txt 文件内容并且显示行数：cat -n b.txt，如图 8-57所示。

● 图 8-57　查看内容并显示行数

cat 还可以清空文件内容，它的基本形式为：cat/dev/null >file_name。例如清空 b.txt 内容并查看是否为空，命令如下所示。

```
cat/dev/null > b.txt
cat b.txt
```

清空文件，如图 8-58 所示。

● 图 8-58　清空文件

现在对 b.txt 内容进行编辑，如图 8-59 所示。

• 图 8-59　编辑内容

编写后使用 wq 命令保存即可。如果内容很多，还可以使用 head 命令查看前 10 行：head b.txt，如图 8-60 所示。

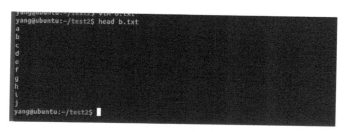

• 图 8-60　查看前 10 行

如果只想查看前 3 行数据，可以添加 -n 参数，例如 head -3 b.txt，如图 8-61 所示。

• 图 8-61　查看前 3 行

同理，tail 命令可以查看最后 10 行数据，比如 tail b.txt，如图 8-62 所示。

• 图 8-62　查看最后 10 行数据

▶▶ 8.3.10　搜索文件内容

这里将 b.txt 内容编辑得复杂一点，如图 8-63 所示。

● 图 8-63　编辑内容

grep 命令可以搜索内容并返回对应行，例如搜索"world"单词的命令为：grep world b.txt，如图 8-64 所示。

● 图 8-64　搜索"world"单词

如果想要忽略大小写，搜索"world"，命令为：grep -i world b.txt，如图 8-65 所示。

● 图 8-65　忽略大小写搜索

当然还有一些其他的参数，一般用不到过多的参数支撑，感兴趣的读者可以单独查阅资料学习。

▶▶ 8.3.11　查看文件权限

在 Linux 下，所有的文件都涉及权限，分为三组：所有者、所属组、其他。

1）权限：所有文件的权限可以分为：可读（r）、可写（w）、可执行（x），'-'表示没有改权限。

2）原理：ls -l 的结果，三位一组，分为三组，正好对应：所有者、所属组、其他。

总结如表 8-6 所示。

表 8-6　总结

参　　数	含　　义
身份部分	
u	所有者（user）

（续）

参　数	含　义
g	所属组（group）
o	其他（other）
操作选项部分	
+	添加操作
-	去掉
-=	设置
权限部分	
r	可读
w	可写
x	可执行

例如查看 b.txt 文件的权限，命令为：ls -l b.txt，如图 8-66 所示。

● 图 8-66　查看权限

以上图为例进行解释：左列是 10 个符号的字符串，由符号 d、r、w、x，以及 s 或 S 组成。如果 d 存在，它将位于字符串的左端，并表示目录；如果 d 不存在，字符串的起始符号为-。根据这 10 个字符来理解一下，0 号位置：代表文件类型，有两个数值："d" 和 "-"，"d" 代表目录，"-" 代表非目录（这里表示非目录）。

1）123 号位置：表示拥有人的权限（这里 rw-代表拥有人有可读、可写权限）。

2）456 号位置：表示同组群使用者权限（这里 r--代表同组群使用者有可读权限）。

3）789 号位置：表示其他使用者权限（这里 r--代表其他使用者有可读权限）。

▶▶ 8.3.12　更改权限

如果想要修改原来的权限，可以使用 chmod 命令，它的基本格式为：chmodxyz 文件或目录。在 Linux 中执行某个文件的时候，有可能会遇到权限不足的问题，这时可以给它添加权限，使它可以执行。

案例：创建一个 Python 文件（叫作 2.py），将该文件更改为所有人可以读写和执行，命令如下所示。

```
touch 2.py
chmod 777 2.py
```

赋予权限，如图 8-67 所示。

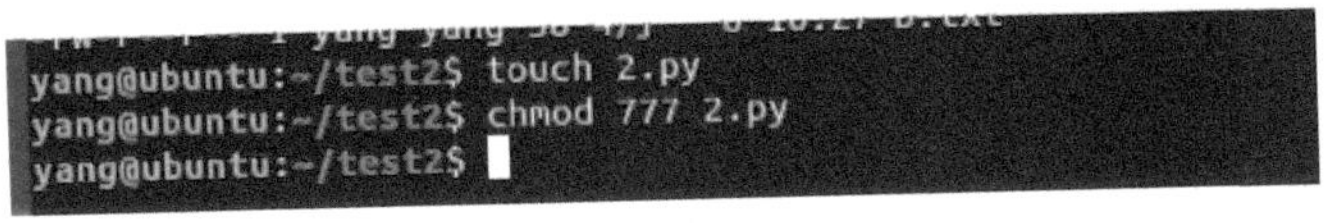

● 图 8-67   赋予权限

以上属于经常使用的命令，chmod 还有一些其他的对应读写修改，具体如表 8-7 所示。

表 8-7   命令和含义

命　令	含　义
chmod 600 2.py	只有所有者有读和写的权限
chmod 644 2.py	所有者有读和写的权限，组用户只有读的权限
chmod 666 2.py	每个人都有读和写的权限
chmod 700 2.py	只有所有者有读和写以及执行的权限

如果想要执行该 Python 文件，可以输入命令：Python3 2.py，按回车键即可，如图 8-68 所示。

● 图 8-68   执行 Python 文件

8.4   进程管理

Linux 中的进程有 5 种状态，如下所示。

1）运行：正在运行或在运行队列中等待。

2）中断睡眠状态：进程因为等待某个条件的形成或等待信号而处于休眠中，此时进程是可以被中断的。

3）不可中断：收到信号不唤醒和不可运行，进程必须等待，直到有中断发生。

4）僵死：进程已终止，但进程描述符存在，直到父进程调用 wait4( ) 系统后释放。

5）停止：进程收到 SIGSTOP、SIGTSTP、SIGTTIN、SIGTTOU 信号后停止运行。

这里主要介绍两个命令：ps 和 kill。ps 进程查看器可以查看进程的信息，kill 可以杀死进程，它们的主要使用如下。

（1）Ps 命令。

1）作用：查看进程信息。

2）使用：

- ps -A 查看所有进程信息。
- ps -ef 显示所有进程信息，连同命令行。
- ps -aux 列出目前所有正在内存中的程序。

3）说明：经常在查询进程号的时候结合 grep 进行过滤。

（2）kill 命令。

1）作用：杀死进程。

2）示例：kill -9 PID。

3）说明：强制杀死指定进程。

例如命令 ps -A，如图 8-69 所示。

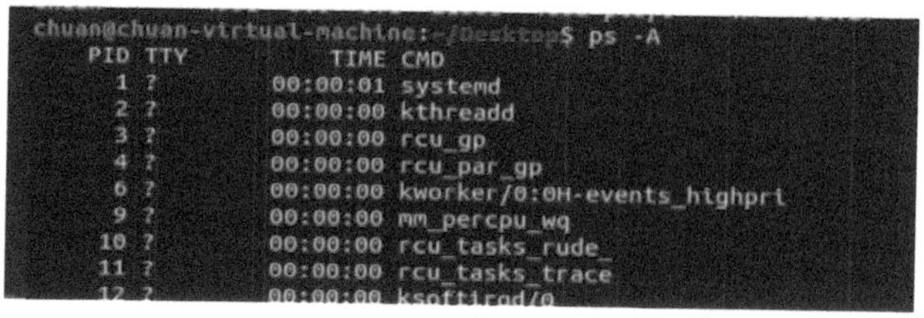

● 图 8-69　查看所有进程信息

例如命令 ps -aux，如图 8-70 所示。

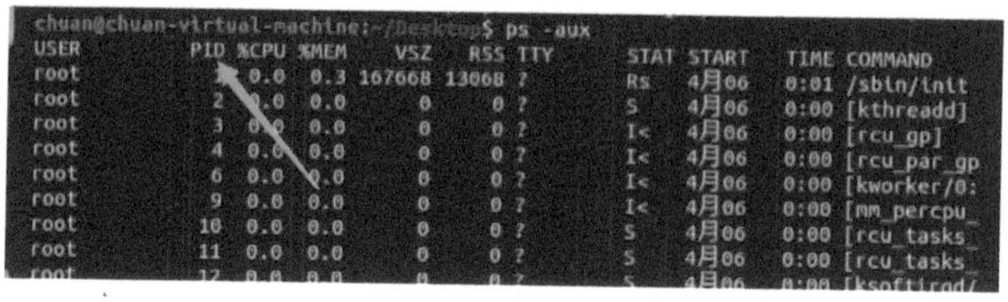

● 图 8-70　列出内存中的程序

查找指定文件进程的基本格式：ps -ef | grep 文件名。例如查看 tty2 软件的进程信息，命令如下。

```
ps -ef | grep tty2
```

如果想要彻底杀死进程，可以使用 kill -s 9 跟该进程对应的 ID，即 PID：

```
kill -s 9 PID
```

8.5　定时任务

举个例子，需要定制执行一个爬虫文件（叫作 tiwen.py），一般来说需要先给它添加权限，这里设置为所有人拥有权限执行：chmod777　tiwen.py。赋予权限后开始编辑定时任务，使用 crontab 命令，输入：crontab -e，如图 8-71 所示。

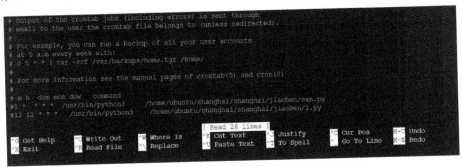

● 图 8-71　编辑定时任务

可以暂时不管它注释掉的内容，里面是一些使用方法，这里总结如下，只需在下面添加格式为：分、时、日、月、星期几 [命令] 脚本绝对路径，每一列对应的解释如下所示。

1）第 1 列分钟 0~59。

2）第 2 列小时 0~23（0 表示子夜）。

3）第 3 列日 1~31。

4）第 4 列月 1~12。

5）第 5 列星期 0~7（0 和 7 表示星期天）。

6）第 6 列要运行的命令。

编辑后，按 Ctrl+x 快捷键退出，选择 Y，按回车键退出。

例 1：每天的七点零一分执行 tiwen.py 和中午十二点十二分执行一次 1.py。

```
 1 7  * * * /usr/bin/Python3   /home/ubuntu/shanghai/shanghai/jiaoben/san.py
12 12 * * * /usr/bin/Python3   /home/ubuntu/shanghai/shanghai/jiaoben/1.py
```

编辑任务，如图 8-72 所示。

● 图 8-72　编辑任务

编辑后，按 Ctrl+X 快捷键退出，选择 Y，按回车键退出。其他方法是同理的。

例 2：每 1 分钟执行一次 tiwen.py（＊表示 every）。

```
* * * * *tiwen.py
```

例 3：每小时的第 3 和第 20 分钟执行 1.py（注意是逗号隔开）。

```
3,20 * * * *1.py
```

例 4：在上午 8 点到下午 15 点的第 5 和第 20 分钟执行。

```
5,15 8-15 * * *myCommand
```

例 5：每隔两天的上午 8 点到 12 点的第 6 和第 20 分钟执行。

```
6,20 8-12 */2   *   *myCommand
```

例 6：每晚的 20：25 重启 example。

```
25 20 * * */etc/init.d/example restart
```

查看配置文件，可以执行命令：crontab-l。

关于 Linux 命令的一些基础就介绍到这里了，都是一些常见的基础内容，在后续学习的过程中，一定会遇到 Linux 命令的使用，建议理解并掌握它。